Petra Schön / Andrea Pogoda Saam

Den Zahlenraum bis 10 aktiv entdecken

Produktives Üben in Grund- und Förderschule

Mit Kopiervorlagen

Persen Verlag GmbH

Gedruckt auf umweltbewusst gefertigtem, chlorfrei gebleichtem
und alterungsbeständigem Papier.

1. Auflage. 2006
Nach den seit 2006 amtlich gültigen Regelungen der Rechtschreibung

Gesamtherstellung: Ludwig Auer GmbH, Donauwörth
ISBN 978-3-8344-**3716**-7

www.persen.de

Inhalt

Einführung

Arbeitsblätter zu den einzelnen Themen

Kopfrechen-Hausaufgaben

Lernzielkontrollen (LZK)

Vorwort

Die neueren Konzepte und Lehrpläne für Mathematik in der Grundschule gehen davon aus, dass der Zahlenraum von Anfang an – also in der 1. Klasse – bis 20 dargeboten wird. Dies stellt für viele Schülerinnen und Schüler eine Überforderung dar. Aus diesem Grund haben wir diesen Band entwickelt, der den Zahlenraum bis 10 in den Mittelpunkt stellt. Unsere Arbeitsblätter sind anfangs sogar noch differenzierter und bieten für schwächere Schüler Aufgaben im Zahlenraum bis 5 an. Auf diese Weise werden die Grundlagen für die Zahlvorstellung und die Mengenerfassung gebildet.

Ein weiterer wichtiger Akzent dieses Bandes liegt auf dem „aktiv-entdeckenden Lernen". Wir als Lehrerinnen haben die Erfahrung gemacht, dass es hierzu nur wenige Übungsmaterialien auf dem Markt gibt. Das herkömmliche Material reißt die einzelnen Themen meist nur kurz an und bietet nur wenige Differenzierungsmöglichkeiten.

Mit diesem Band wollen wir diese Lücke daher schließen. So haben wir vielfältige Arbeitsblätter zusammengestellt, die das entdeckende Lernen und produktive Üben in den Vordergrund stellen. Sie eignen sich zum einen zur Differenzierung in der Grundschule. Zum anderen können sie auch sehr gut als zusätzliche Übungsmaterialien in der Förderschule zum Einsatz kommen.

Wir wünschen Ihnen und Ihren Schülerinnen und Schülern viel Freude und Erfolg beim Entdecken der Mathematik!

Petra Schön
Andrea Pogoda Saam

Zum mathematischen Konzept

Wie schon im Vorwort erwähnt, knüpft dieser Band an neuere Wege des Mathematikunterrichts an, die besonders das aktiv-entdeckende Lernen betonen. Das „Kind als Baumeister seiner selbst“ (Maria Montessori) steht im Vordergrund. Zwar sind die Lerninhalte vorgegeben, doch können die Lernwege und das Lerntempo unterschiedlich sein. So kann jedes Kind seinen eigenen Lösungsweg entdecken und diesen auch weiter anwenden. Allerdings muss nicht jede Schülerin bzw. jeder Schüler – wie häufig angenommen – alle möglichen Lösungswege herausfinden und nachvollziehen können. Der eigene Lösungsweg genügt.

„Produktives Üben“ bedeutet in diesem mathematischen Konzept, Beziehungen zwischen einzelnen Aufgaben zu knüpfen, Zusammenhänge herzustellen und die gewonnenen Einsichten zu fördern und anzuwenden. Daher werden die Schülerinnen und Schüler immer wieder dazu aufgefordert, eigene Rechenaufgaben zu konstruieren und Rechentricks selbstständig herauszufinden. Unterstützt wird diese Übungsform, indem die Kinder die mathematischen Prozesse selbst versprachlichen. Auch schwächere Kinder lernen dies mit der Zeit.

Besonders viel Zeit und Übung sollte in das Prinzip „Kraft der 5“ gesteckt werden. Die strukturierte Zahlendarstellung (5er-Gliederung) hilft den Kindern, strukturierte Zahlenbilder und grundlegende Zahlvorstellungen aufzubauen. Auf diese Weise wird auch das zählende Rechnen verhindert und die Kinder entwickeln ihr mathematisches Denken weiter. Das Prinzip „Kraft der 5“ sollte daher immer wieder aufgegriffen und vertieft werden.

Wichtig ist auch das Motto „Fehler sind erlaubt“. Sie werden nicht als Störung empfunden, sondern gelten als Lernhinweise für das Kind. Indem Sie als Lehrkraft die Fehler analysieren, können Sie die falschen Strategien des Kindes erkennen und korrigieren. Das aktiv-entdeckende Lernen lässt die Individualität des Kindes zu und fördert diese. Aus diesem Grund eignet es sich auch besonders für Kinder mit Lernschwierigkeiten.

Weiterhin sind auch Lernzielkontrollen ein Teil des neuen Mathematikkonzeptes. Mit ihrer Hilfe lässt sich erkennen, ob die Kinder am Ende der 1. Klasse Gesetz- und Regelmäßigkeiten erkennen und fortführen können. Dies ist ein wesentliches Ziel für den Mathematikunterricht – es geht nicht um „stumpfes Üben“. Dies gilt ebenso für die „Kopfrechen-Hausaufgaben“. Nähere Informationen hierzu und zu den Lernzielkontrollen finden Sie auf den folgenden Seiten.

Abschließend ist zu betonen: Entdecken muss gelernt werden! Die Kinder und auch die Eltern müssen an dieses Prinzip herangeführt und dafür sensibilisiert werden.

Zum Umgang mit den Arbeitsblättern

Der Band ist in unterschiedliche Themenbereiche des Mathematikunterrichts aufgeteilt (z. B. Mengen, Rechnen mit Geld, Zahlenmauern). Die Aufgaben beschränken sich überwiegend auf den Zahlenraum bis 10. Bei selbst zu erfindenden Aufgaben kann der Zahlenraum vom Kind frei gewählt werden. Da die Arbeitsblätter für Kinder mit besonderem Förderbedarf sowie zur Differenzierung in der Grundschule konzipiert wurden, gibt es zu jedem Themenbereich verschiedenartige Angebote. Diese können Sie nach dem individuellen Leistungsstand des einzelnen Kindes einsetzen. Dabei ist zu empfehlen, die Themen in der vorgegebenen Reihenfolge anzubieten.

Es ist sinnvoll, für jedes Kind folgende Materialien bereitzustellen:

- Wendeplättchen (zweifarbig)
- kleine Dose (z. B. Filmdose) zum Plättchenwerfen
- Abbildung der Zahlenreihe bis 10 (für stärkere Schüler auch Zahlenreihe bis 20)
- Abbildung des Zehnerfeldes bzw. Zwanzigerfeldes
- Rechenkette bis 10 (5 rote und 5 blaue Perlen)

Eine Kopiervorlage für Rechengeld ist in diesem Band enthalten (S. 111, eventuell auf DIN A3 vergrößert kopieren).

Die Kopfrechen-Hausaufgaben

Die drei Kopfrechen-Hausgaben sind, wie der Name schon andeutet, für das Arbeiten zu Hause – mithilfe der Eltern – gedacht. Dazu ist es zunächst unumgänglich, die Eltern über das neue Mathematikkonzept zu informieren und sie dazu anzuleiten. Besonders wichtig ist hier das Versprachlichen mathematischer Zusammenhänge. Dadurch können die Kinder Aufgabenbeziehungen erfassen und verinnerlichen.

Wichtig dabei ist weiterhin, dass die Kopfrechen-Hausaufgaben nicht zum Auswendiglernen von mathematischen Regeln dienen. Sie sollten die Eltern darauf hinweisen, dass diese ihr Kind mithilfe dieser kurzen Aufgaben dabei unterstützen können, bestimmte Fertigkeiten zu automatisieren. Dies sollte täglich etwa 5 Minuten in Anspruch nehmen.

Die Kopfrechen-Hausaufgaben finden sich gebündelt ab S. 112. Sie können im Rahmen des jeweiligen Themas an die Kinder ausgeteilt werden. Abgedeckt werden die folgenden Bereiche:

- 1. Kopfrechen-Hausaufgabe: Zahlenreihen (S. 112)
- 2. Kopfrechen-Hausaufgabe: Zahlzerlegungen (S. 112)
- 3. Kopfrechen-Hausaufgabe: Plus- und Minus-Aufgaben (S. 113)

Die Lernzielkontrollen (LZK)

Mit den Lernzielkontrollen können Sie zum einen überprüfen, ob die Schülerinnen und Schüler bestimmte Kenntnisse und Fähigkeiten erworben haben. Zum anderen können Sie sie zur Lernstandsermittlung einsetzen. So erfahren Sie, welche Aufgabentypen von den Kindern noch nicht beherrscht werden und noch geübt werden müssen. Außerdem zeigt sich, ob die Kinder Gesetz- und Regelmäßigkeiten verstehen und anwenden können – ein wichtiges Lernziel zum Ende der 1. Klasse.
Die fünf Lernzielkontrollen finden sich gebündelt ab S. 114. Sie werden zum Teil auch differenziert angeboten – sowohl in quantitativer als auch in qualitativer Hinsicht. Dabei ist die Version A jeweils für starke Schülerinnen und Schüler gedacht, während die zweite Version B jeweils für schwächere Schüler konzipiert wurde.

Lernzielkontrolle (LZK)	Themenbereiche	Überprüfte Lernziele	Differenzierung
1. Lernzielkontrolle (S. 114)	Mengen Zahlenreihen	– Mengenbilder aufbauen – Mengenerfassung beherrschen	– 1 Version für alle Schüler
2. Lernzielkontrolle (S. 115/116)	Kraft der 5	– Prinzip der „Kraft der 5“ verstehen – ohne Abzählen zum richtigen Ergebnis kommen	– 1 Version für alle Schüler
3. Lernzielkontrolle (S. 117–119)	Zahlzerlegungen Addition bis 10	– einfache Zahlzerlegungen beherrschen – einfache Plus-Aufgaben rechnen	– Seite 1 für alle Schüler – Seite 2 differenziert
4. Lernzielkontrolle (S. 120–122)	Subtraktion bis 10 Gemischte Aufgaben Tauschaufgaben Rechentürme	– Plus-, Minus- und Tauschaufgaben rechnen – Regelmäßigkeiten erkennen	– Seite 1 differenziert – Seite 2 für stäkerere Schüler
5. Lernzielkontrolle (S. 123–125)	Umkehraufgaben Zahlenmauern Zahlenstrahl Ergänzungsaufgaben Rechnen mit Geld	– Umkehr- und Ergänzungsaufgaben rechnen – Strukturen erkennen – Geldwerte kennen und damit rechnen	– Seite 1 für alle Schüler – Seite 2 differenziert

Name: Datum:

Die Zahlen von 1 bis 5

- Bündele die entsprechende Anzahl an Mengenplättchen!

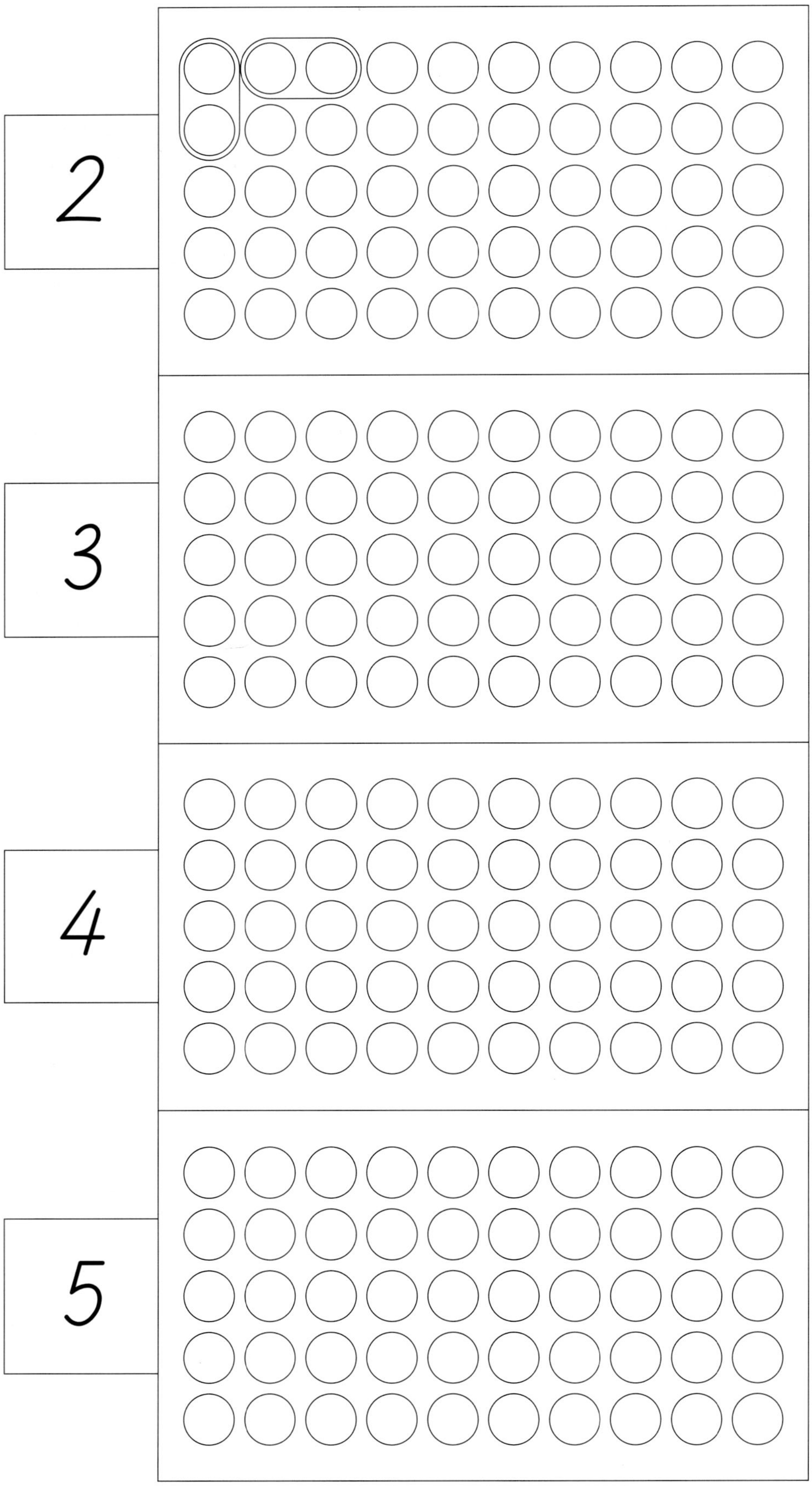

P. Schön/A. Pogoda Saam: Den Zahlenraum bis 10 aktiv entdecken

Name:

Datum:

Die Zahlen von 1 bis 5

- Bündele die entsprechende Anzahl an Mengen!

2

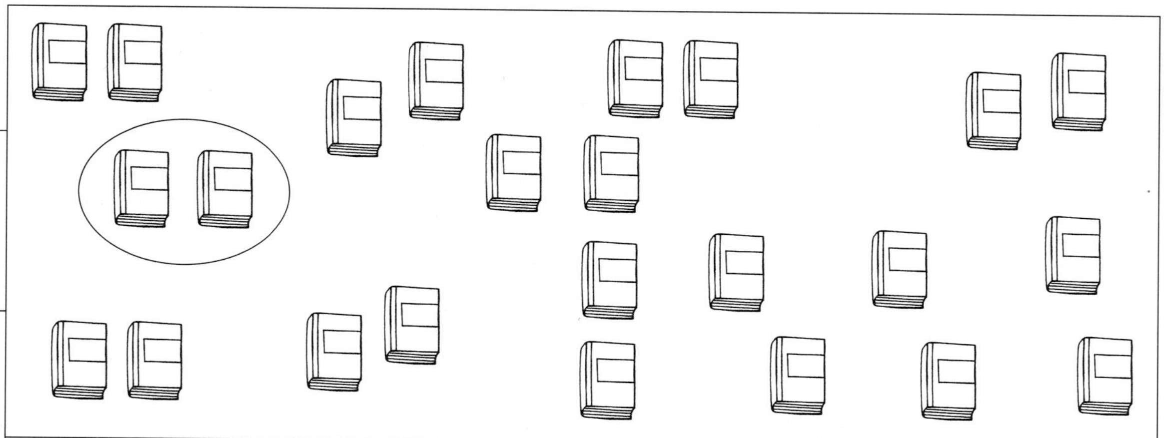

3

4

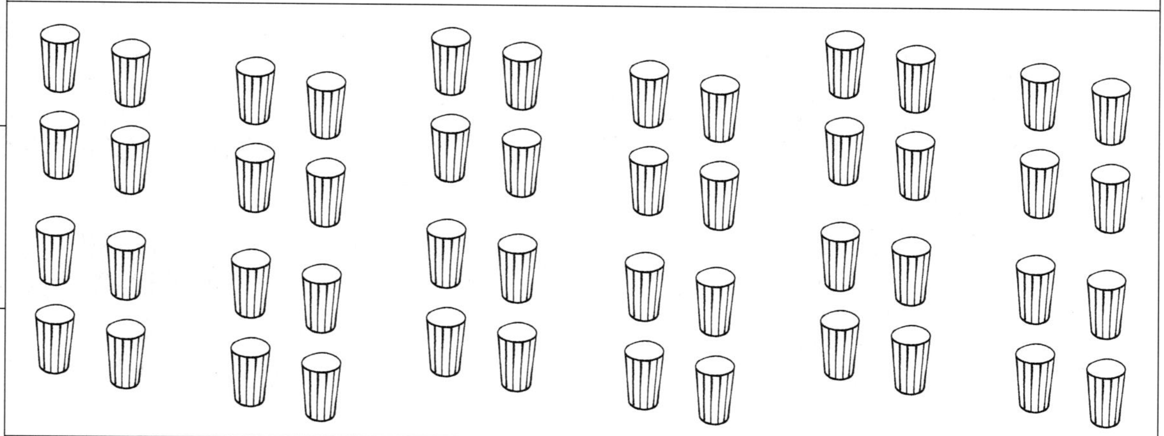

5

Name: Datum:

Die Zahlen von 1 bis 5

- Verbinde die Menge mit der passenden Zahl!

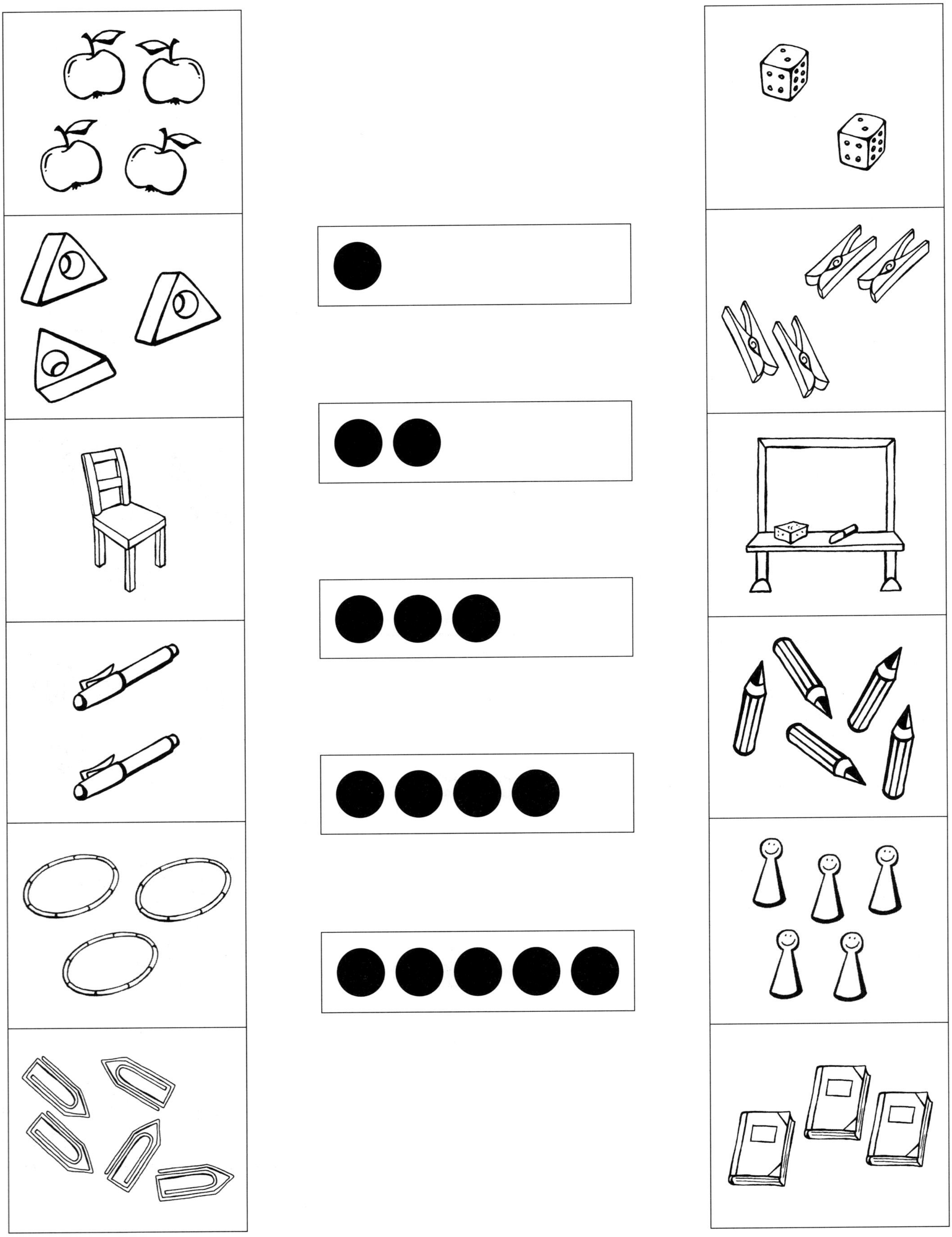

P. Schön/A. Pogoda Saam: Den Zahlenraum bis 10 aktiv entdecken

Name: Datum:

Zahlen bis 10

- Wie viel zählst du? Verbinde die Bilder mit den passenden Zahlen!

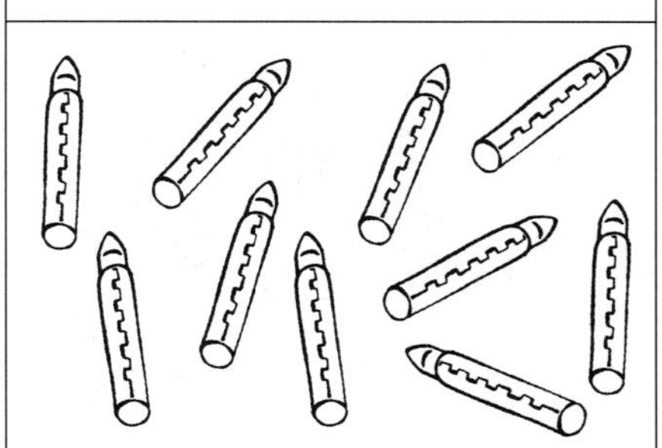
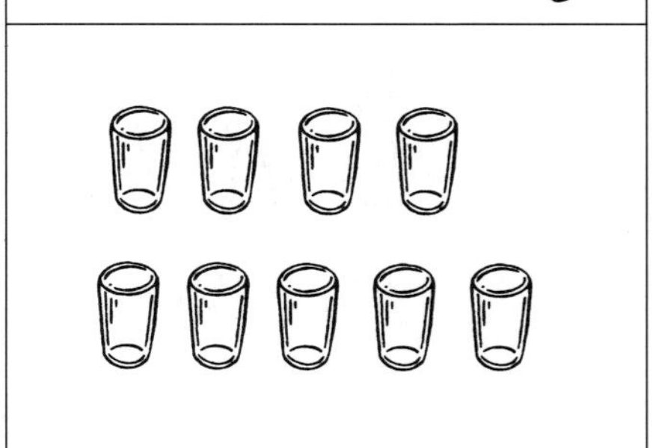

1

2

3

4

5

6

7

8

9

10

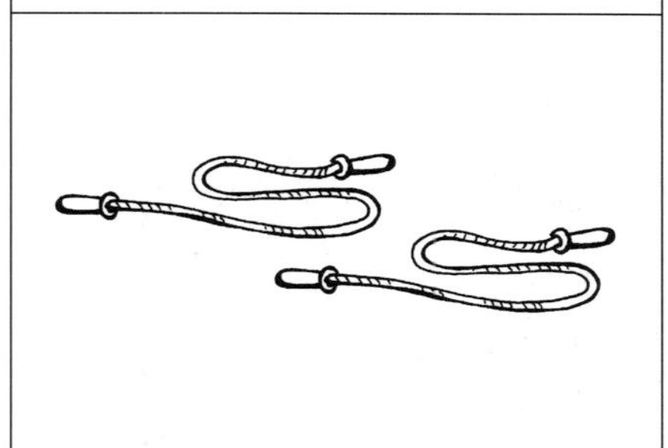

Elefanten fangen

- Kreise immer zehn Elefanten in einer Farbe ein!

P. Schön/A. Pogoda Saam: Den Zahlenraum bis 10 aktiv entdecken

Name: Datum:

Zahlenbilder erfinden

- Lege und male!

Immer *3*

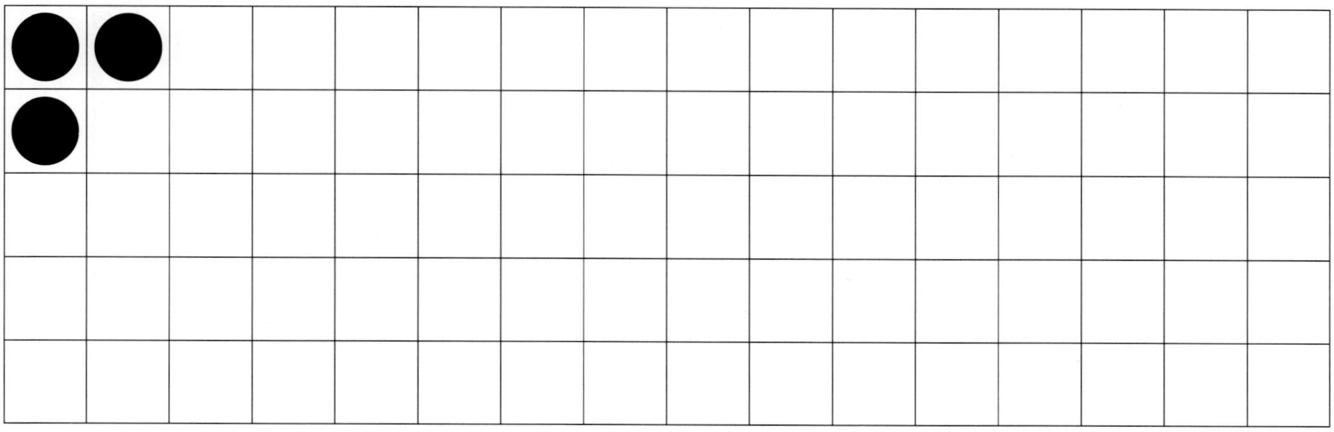

Immer *4*

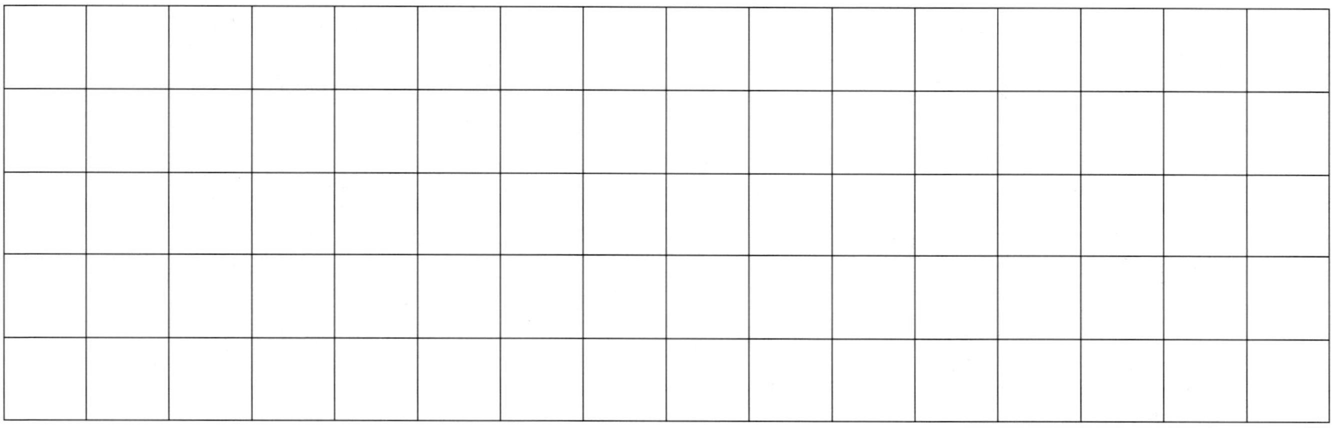

Immer *5*

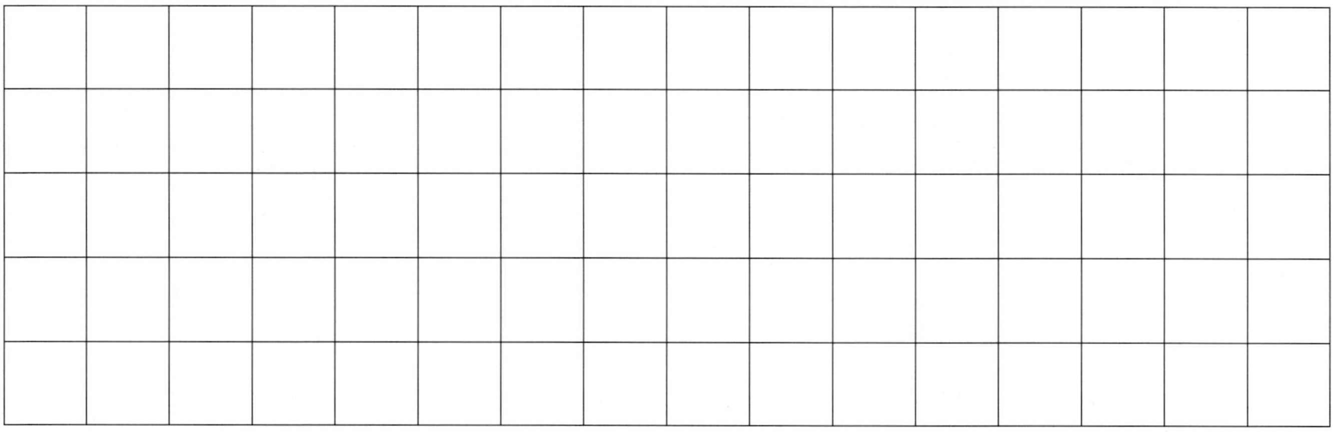

Name: Datum:

Zahlenbilder erfinden

- Lege und male!

Immer *6*

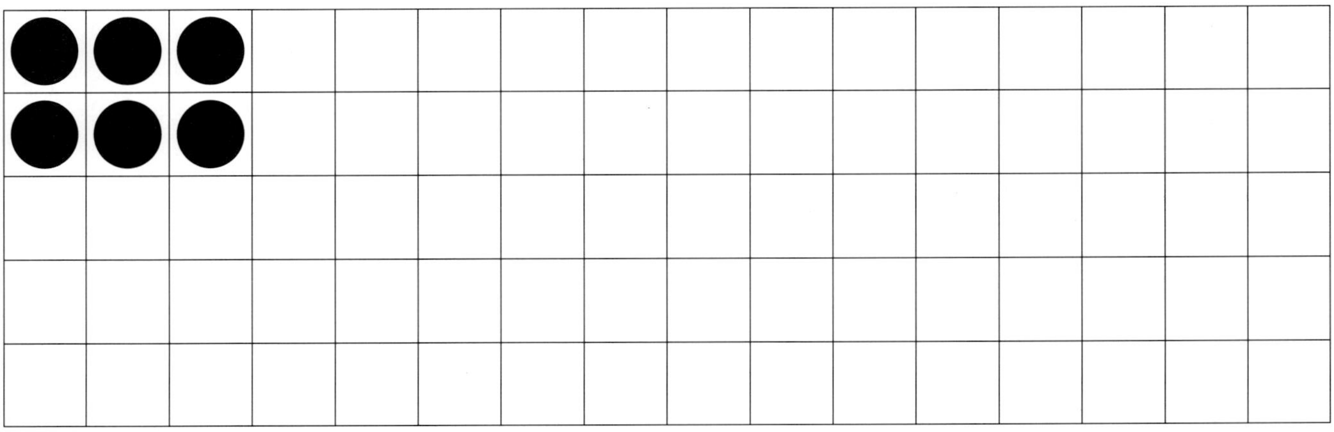

Immer *7*

Immer *8*

P. Schön/A. Pogoda Saam: Den Zahlenraum bis 10 aktiv entdecken

Name: Datum:

Zahlenbilder legen

① Wie viele Plättchen sind es? Siehst du es auf einen Blick?
② Lege das Zahlenbild mit deinen Plättchen nach!
③ Klebe das Zahlenbild mit Klebepunkten daneben!

1.
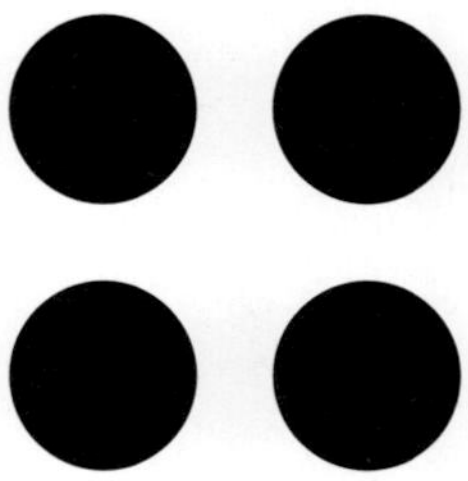
1.

2.
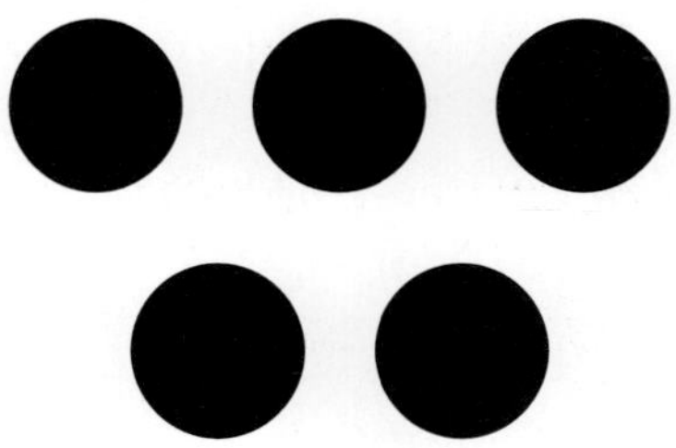
2.

3.
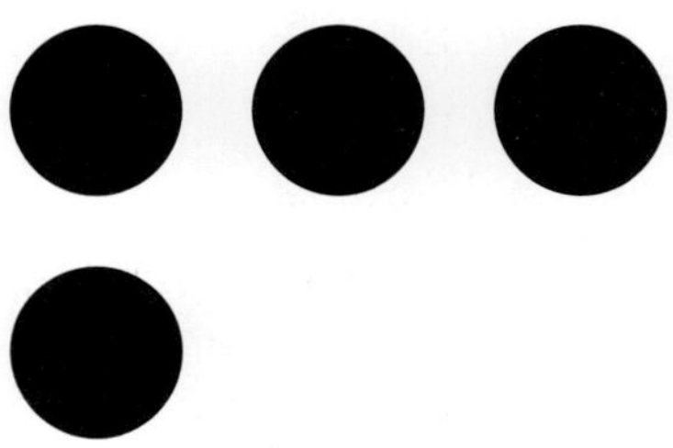
3.

4.

4.

5.

5.

Name: Datum:

Muster legen

① Lege die Muster mit deinen Plättchen nach!
② Zähle die Plättchen und erzähle: *Das sind … rote Plättchen und … blaue Plättchen.*

1.

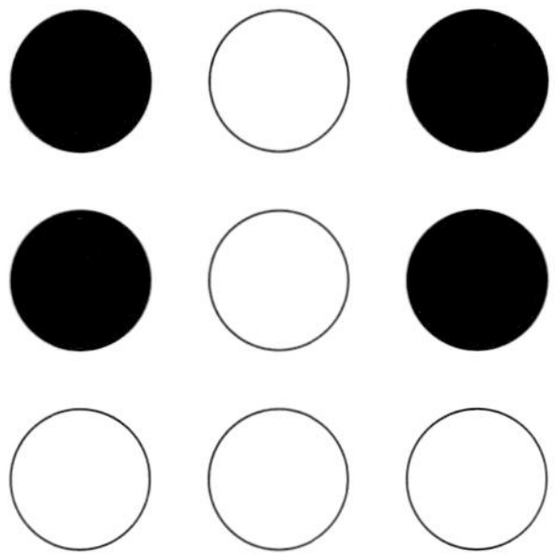

2.

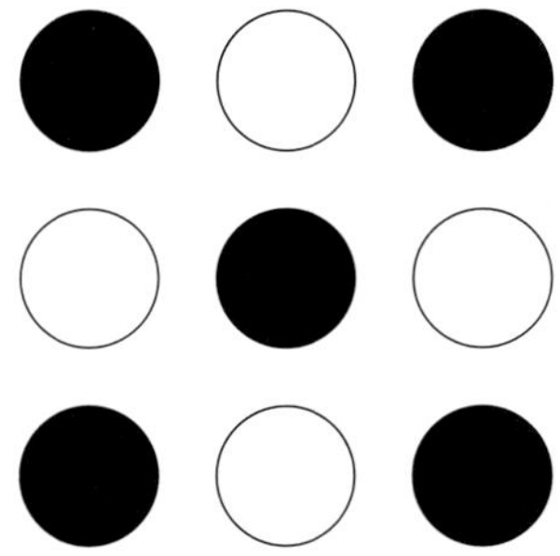

3.

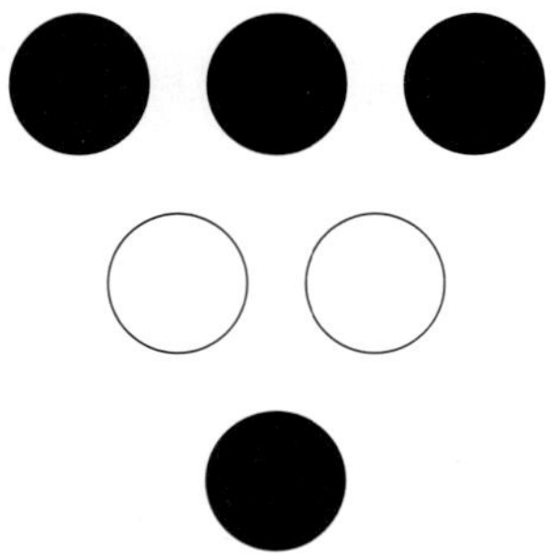

4.

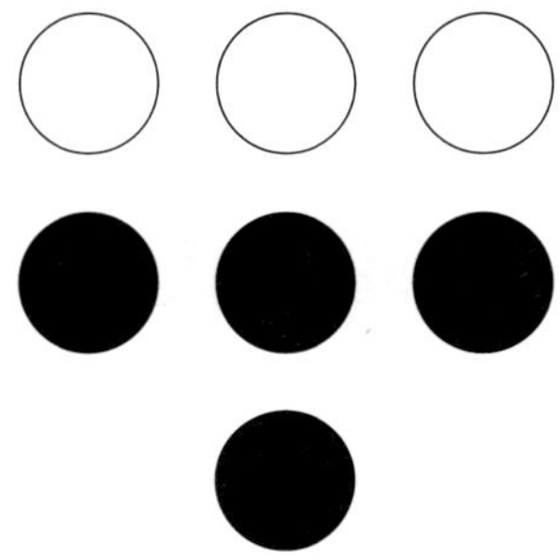

5.

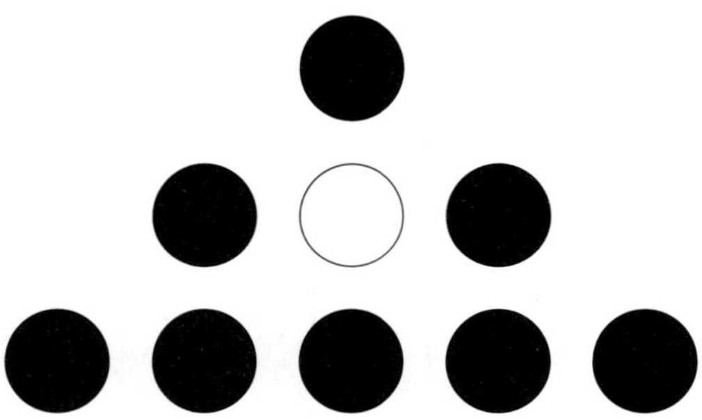

6.

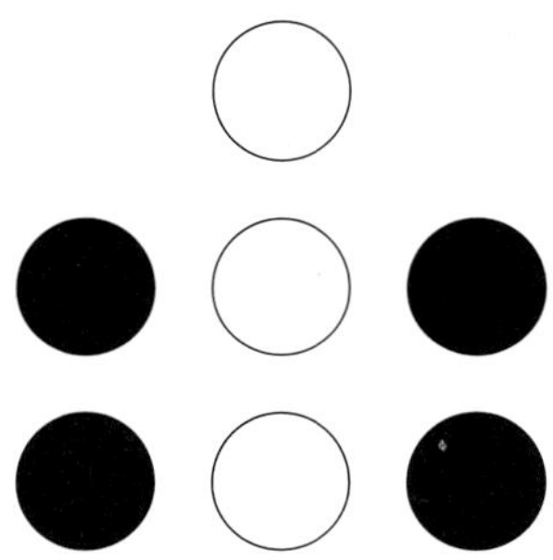

7.

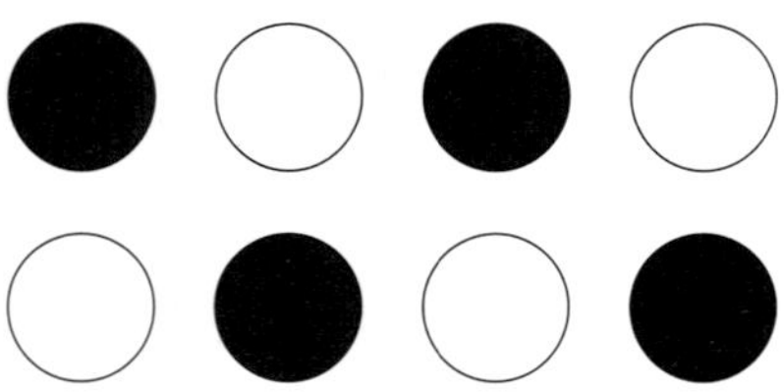

8.

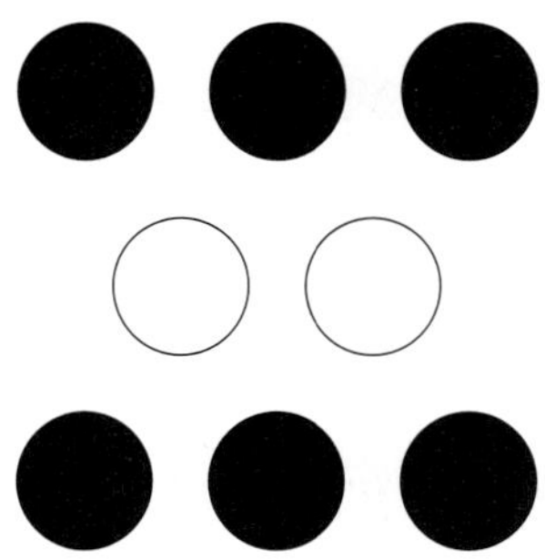

9.

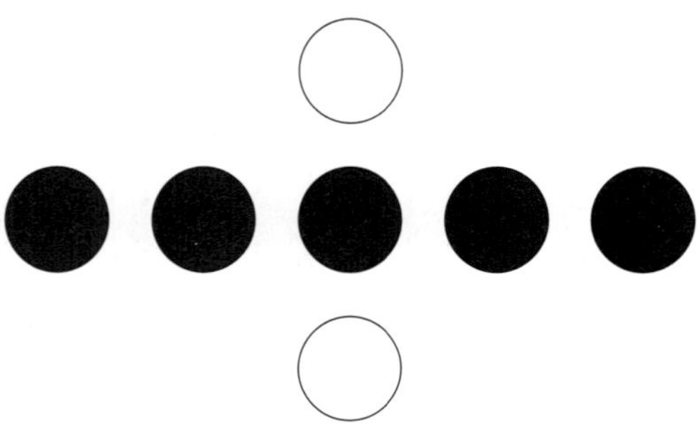

10.

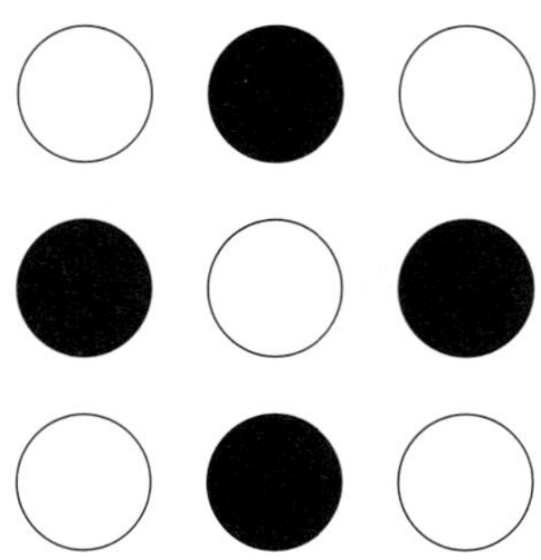

Wie viele Plättchen siehst du?

① Schneide die Zahlen unten aus!
② Klebe sie richtig neben die Plättchenreihen!

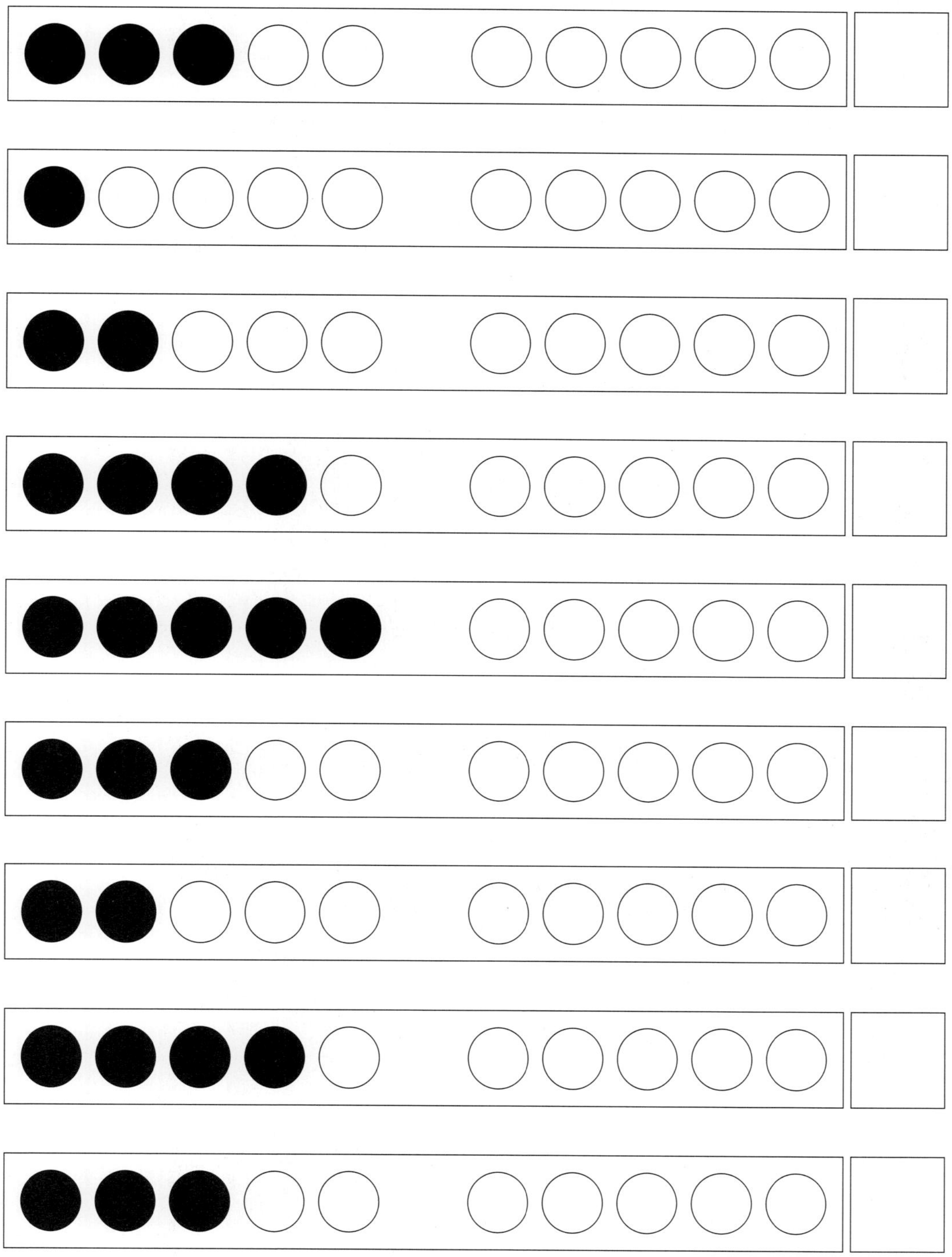

1	2	2	3	3	3	4	4	5

Name: Datum: **1**

Wie viele Plättchen siehst du?

① Schneide die Zahlen unten aus!
② Klebe sie richtig neben die Plättchenreihen!

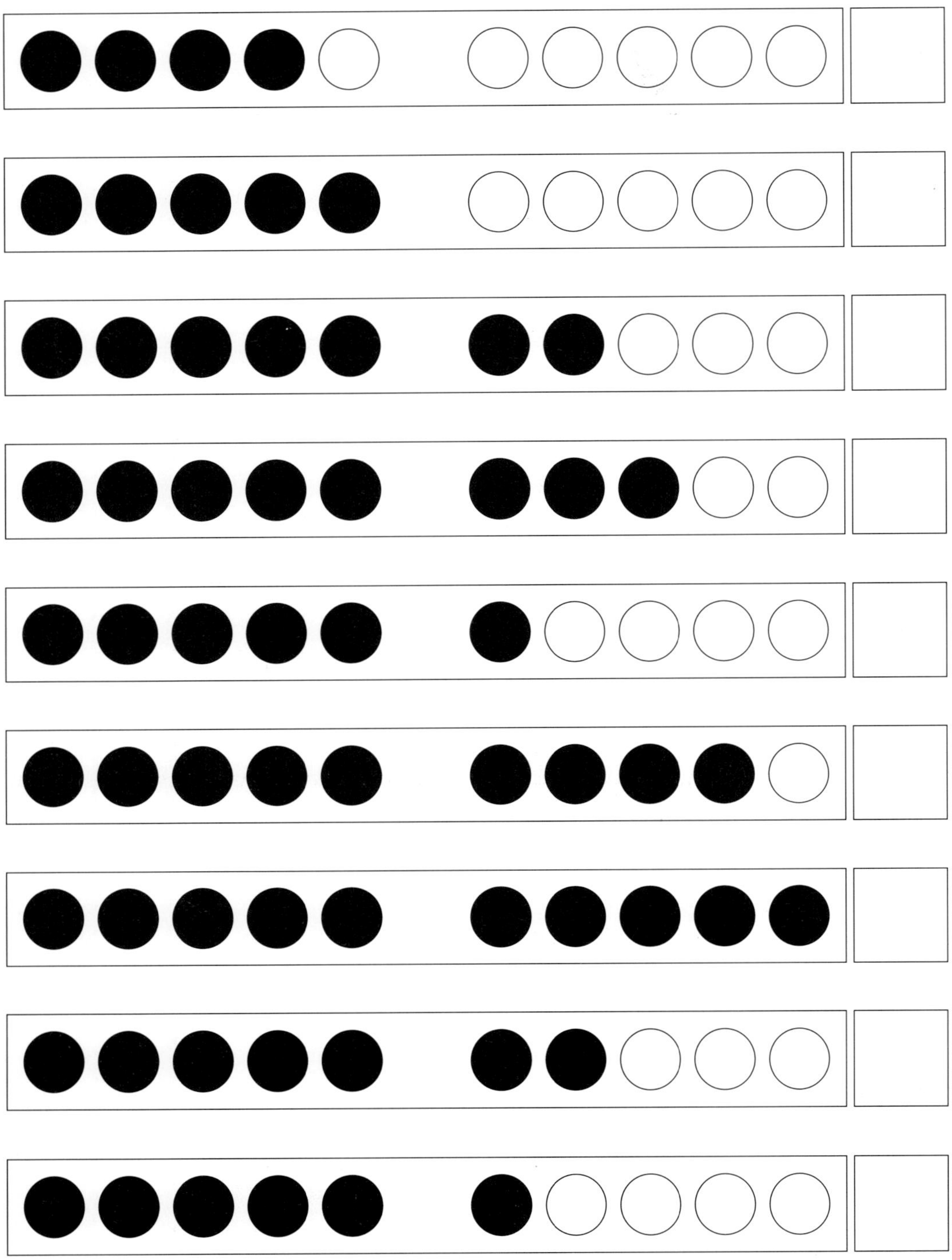

4	5	6	6	7	7	8	9	10

Name: Datum:

Wie viele Plättchen siehst du?

① Lege die Plättchen! Wie viele sind es?
② Schreibe die Anzahl in das Kästchen!

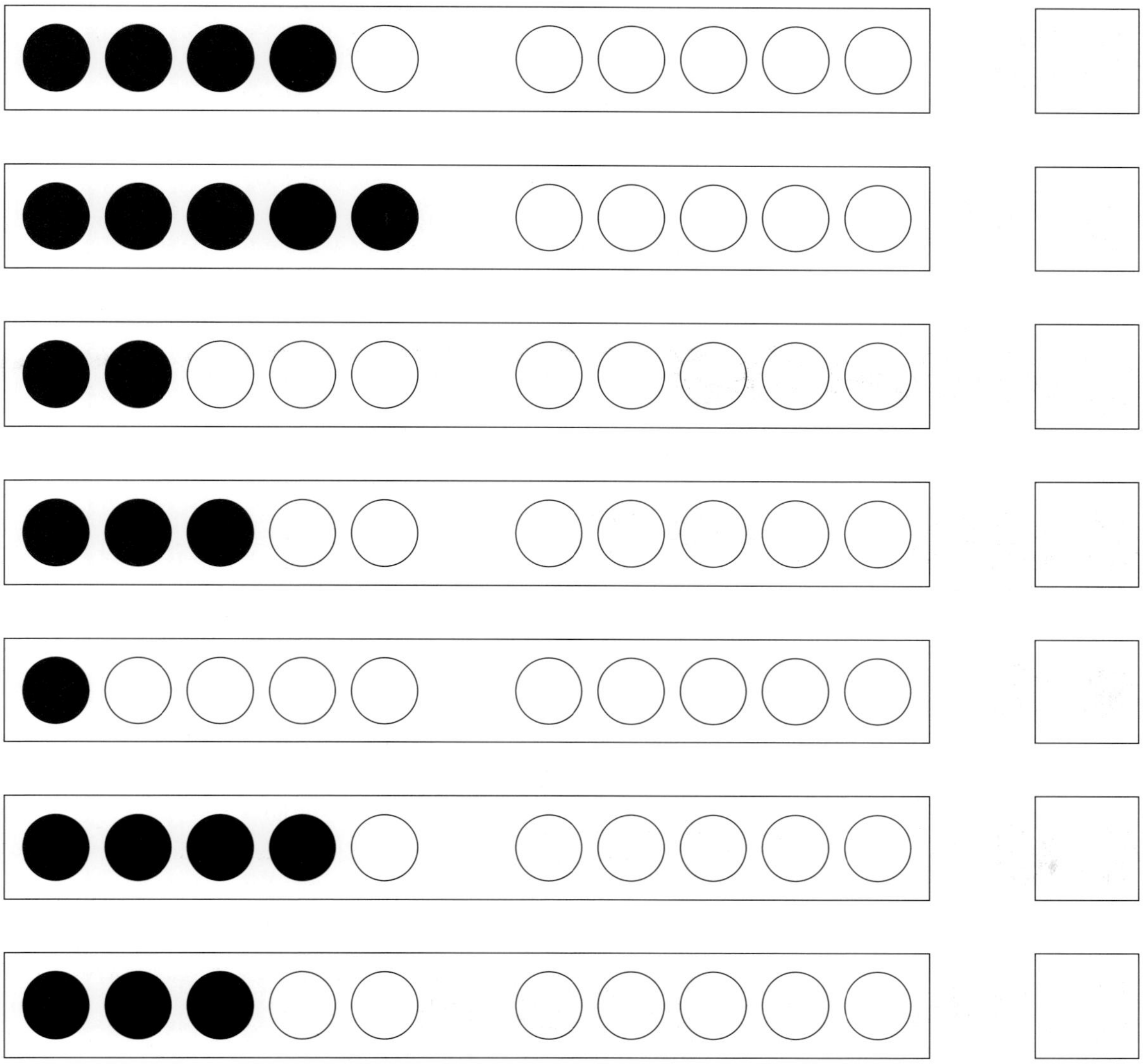

③ Erfinde Aufgaben! Lege, male und schreibe!

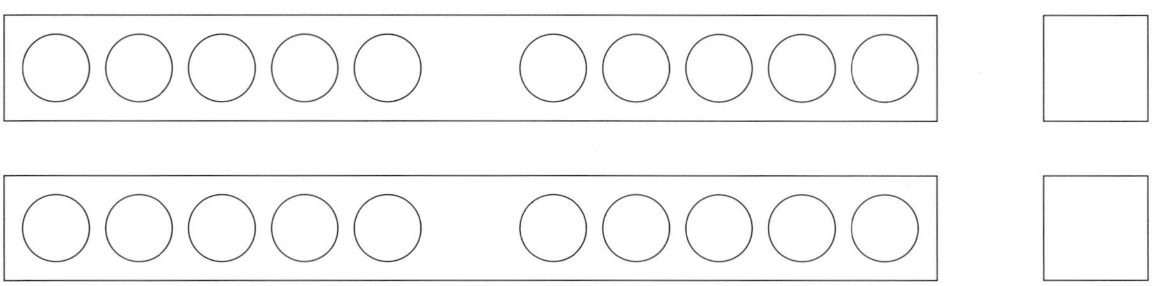

Wie viele Plättchen siehst du?

① Lege die Plättchen! Wie viele sind es? Schreibe!
② Schreibe die Anzahl in das Kästchen!

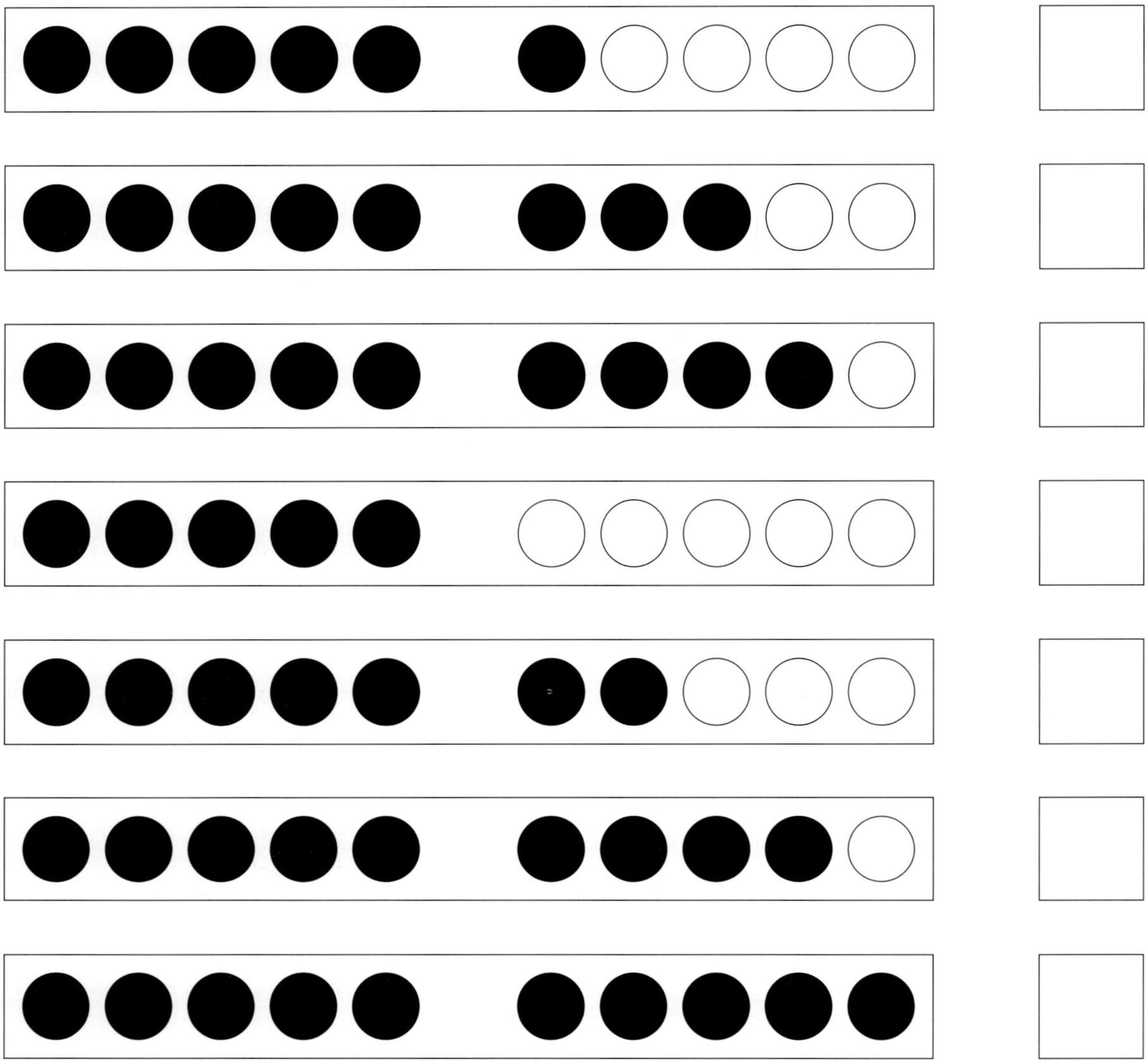

③ Erfinde Aufgaben! Lege, male und schreibe!

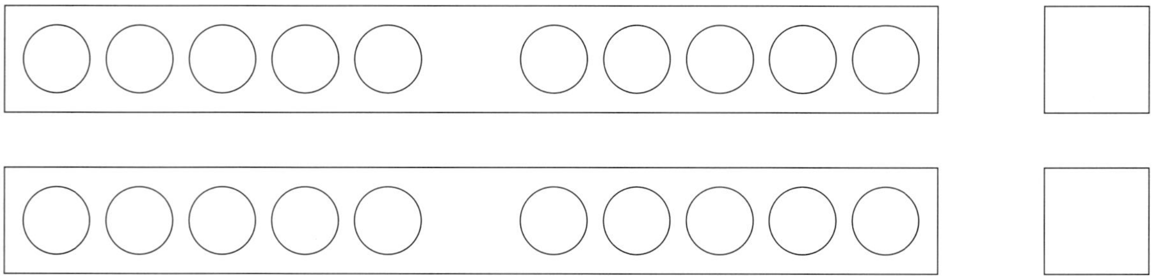

P. Schön/A. Pogoda Saam: Den Zahlenraum bis 10 aktiv entdecken

Name: Datum: 1

Plättchen legen

① Lege die Plättchen!
② Male die Anzahl aus!

3

4

2

5

1

3

5

③ Erfinde Aufgaben! Schreibe die Zahl und male aus!

Plättchen legen

① Lege die Plättchen!
② Male die Anzahl aus!

5

7

8

6

9

7

10

③ Erfinde Aufgaben! Schreibe die Zahl und male aus!

P. Schön/A. Pogoda Saam: Den Zahlenraum bis 10 aktiv entdecken

Name: Datum:

Würfelzahlen

① Verbinde die Würfelbilder mit den passenden Zahlen!

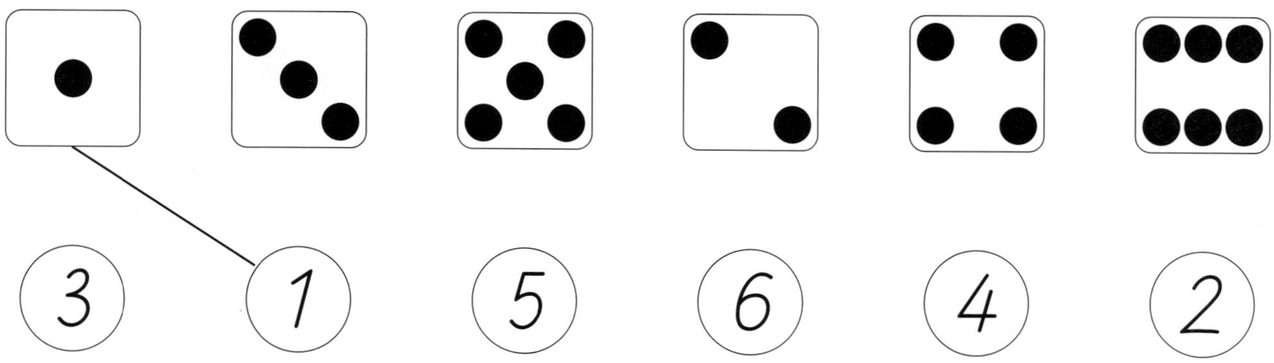

② Male die entsprechenden Würfelbilder zu den Zahlen!

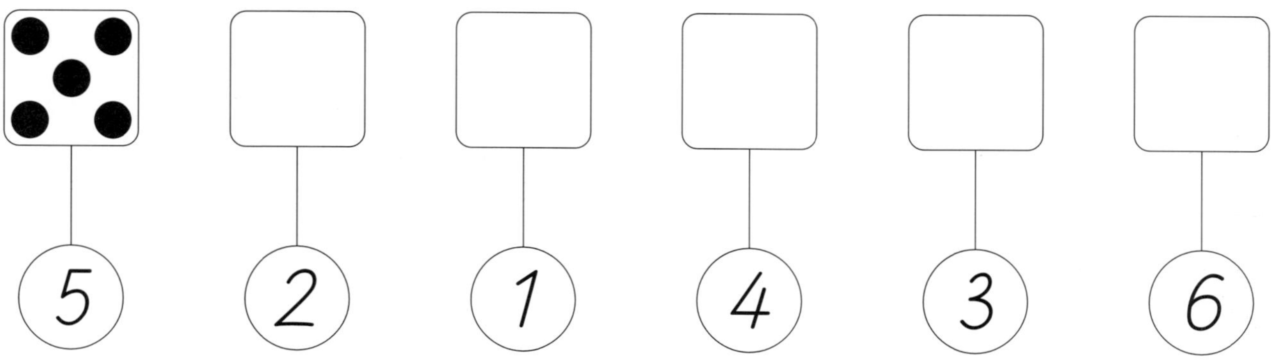

③ Male die entsprechenden Würfelbilder zu den Fingerzahlen!

Name: Datum:

Das Würfelspiel

Name:

Wer hat gewonnen? ☺

- Spielregel: Es wird abwechselnd mit einem Würfel gewürfelt und die Würfelzahl aufgeschrieben. Wer die größere Würfelzahl hat, darf sich einen Punkt (Strich neben das Würfelbild) geben. Am Ende werden die Punkte (Striche) gezählt und als Strichzahl notiert. Wer die meisten Punkte hat, hat gewonnen.

P. Schön/A. Pogoda Saam: Den Zahlenraum bis 10 aktiv entdecken

Name: Datum:

Wie viele Finger siehst du?

- Schau genau und zähle nicht!

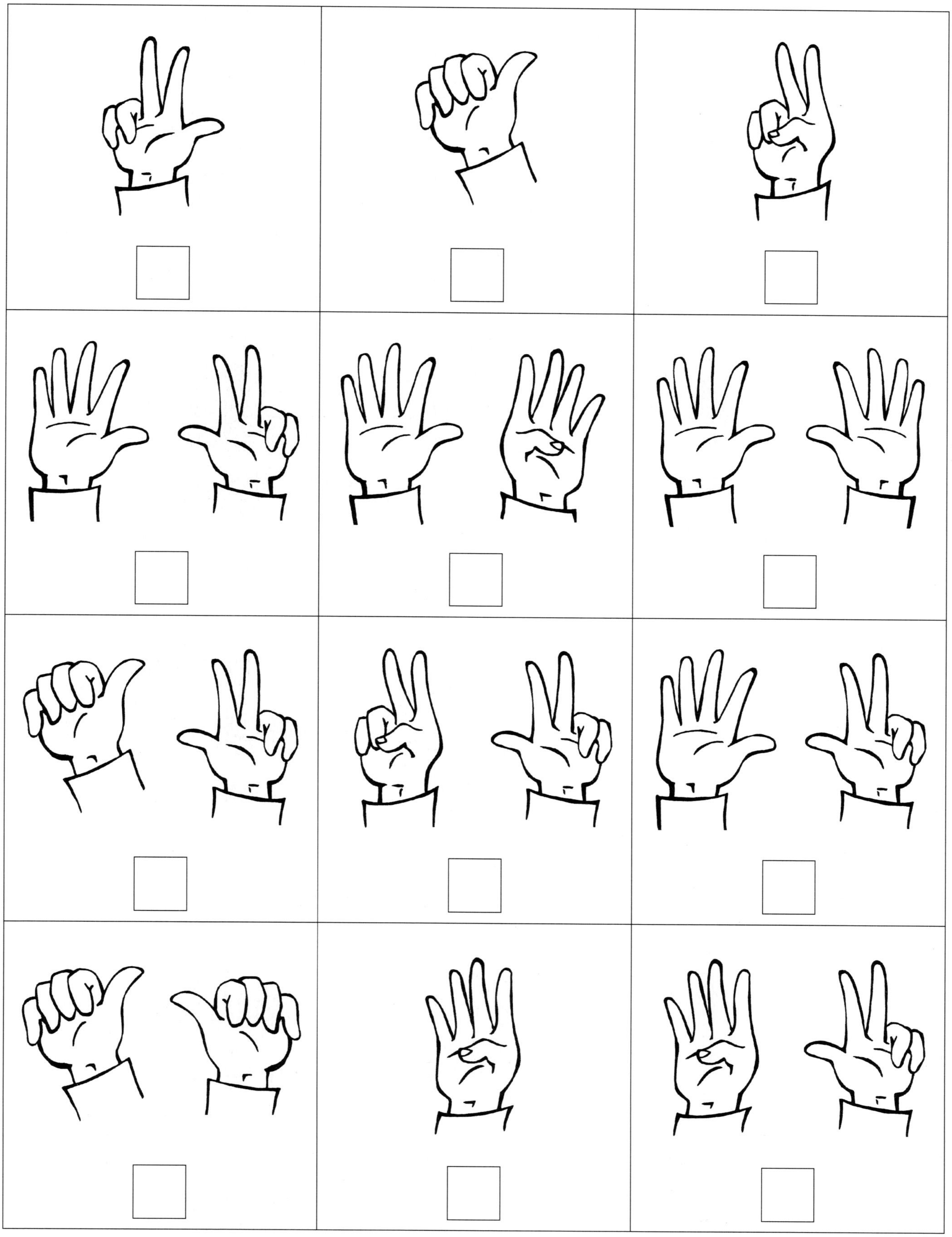

Name: Datum:

Wie viele Finger siehst du?

- Schau genau und zähle nicht!
  Kreise die richtige Zahl ein!

 1 2 3 4 5 6 7 8 9 10	 1 2 3 4 5 6 7 8 9 10	 1 2 3 4 5 6 7 8 9 10
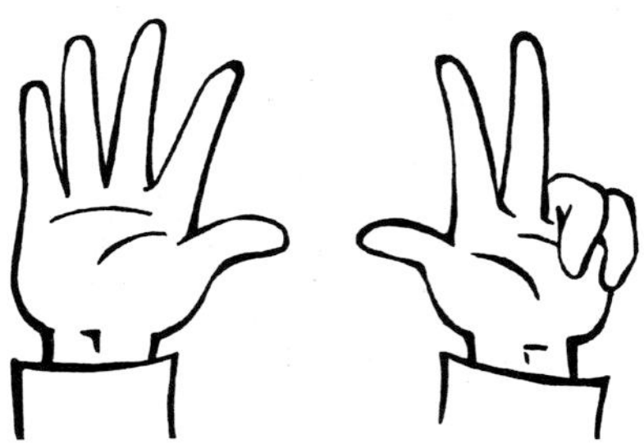 1 2 3 4 5 6 7 8 9 10	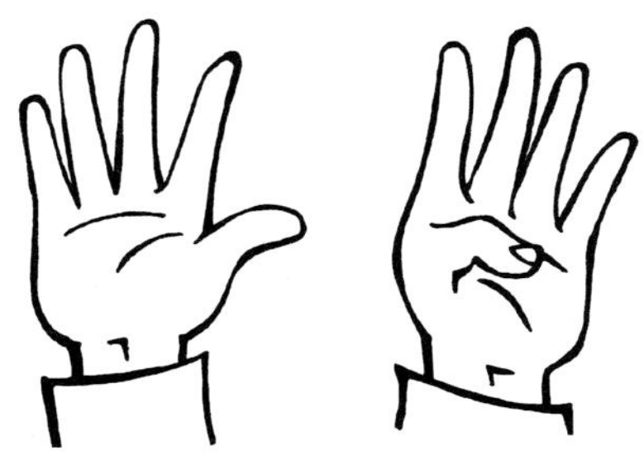 1 2 3 4 5 6 7 8 9 10	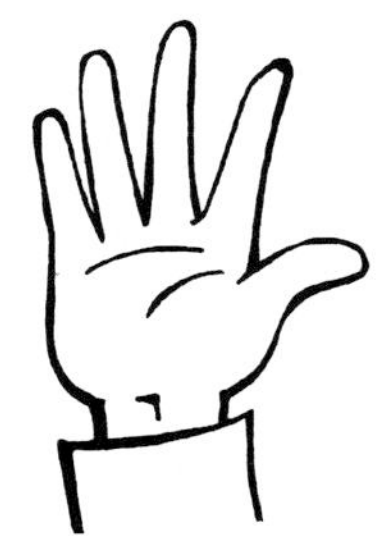 1 2 3 4 5 6 7 8 9 10
 1 2 3 4 5 6 7 8 9 10	 1 2 3 4 5 6 7 8 9 10	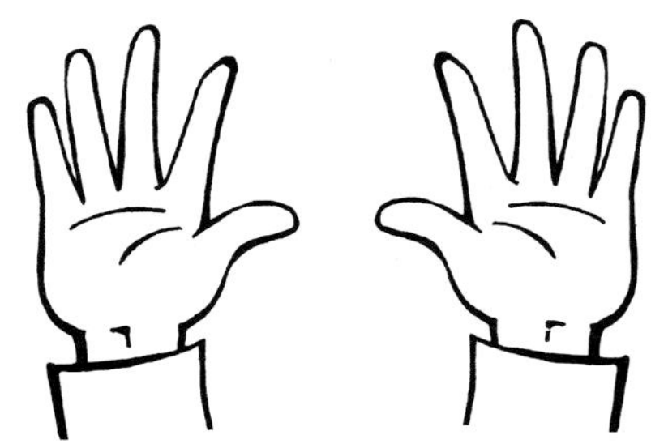 1 2 3 4 5 6 7 8 9 10
 1 2 3 4 5 6 7 8 9 10	 1 2 3 4 5 6 7 8 9 10	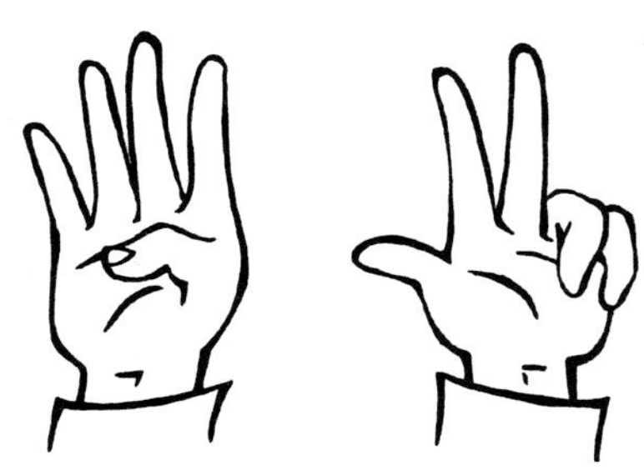 1 2 3 4 5 6 7 8 9 10

P. Schön/A. Pogoda Saam: Den Zahlenraum bis 10 aktiv entdecken

Name: Datum: 1

Zählen bis 10

- Wie viele Tiere sind es? Zähle mithilfe der Strichliste!

Name: Datum: **1**

Tiere zählen

- Wie viele Tiere sind es? Zähle mithilfe der Strichliste!

<table>
<tr><td></td><td>||</td><td></td><td></td></tr>
<tr><td></td><td></td><td></td><td></td></tr>
<tr><td></td><td></td><td></td><td></td></tr>
<tr><td></td><td></td><td></td><td></td></tr>
<tr><td></td><td></td><td></td><td></td></tr>
<tr><td></td><td></td><td></td><td></td></tr>
</table>

Name: Datum:

Welche Strichzahl siehst du?

- Male die Würfelzahl daneben!

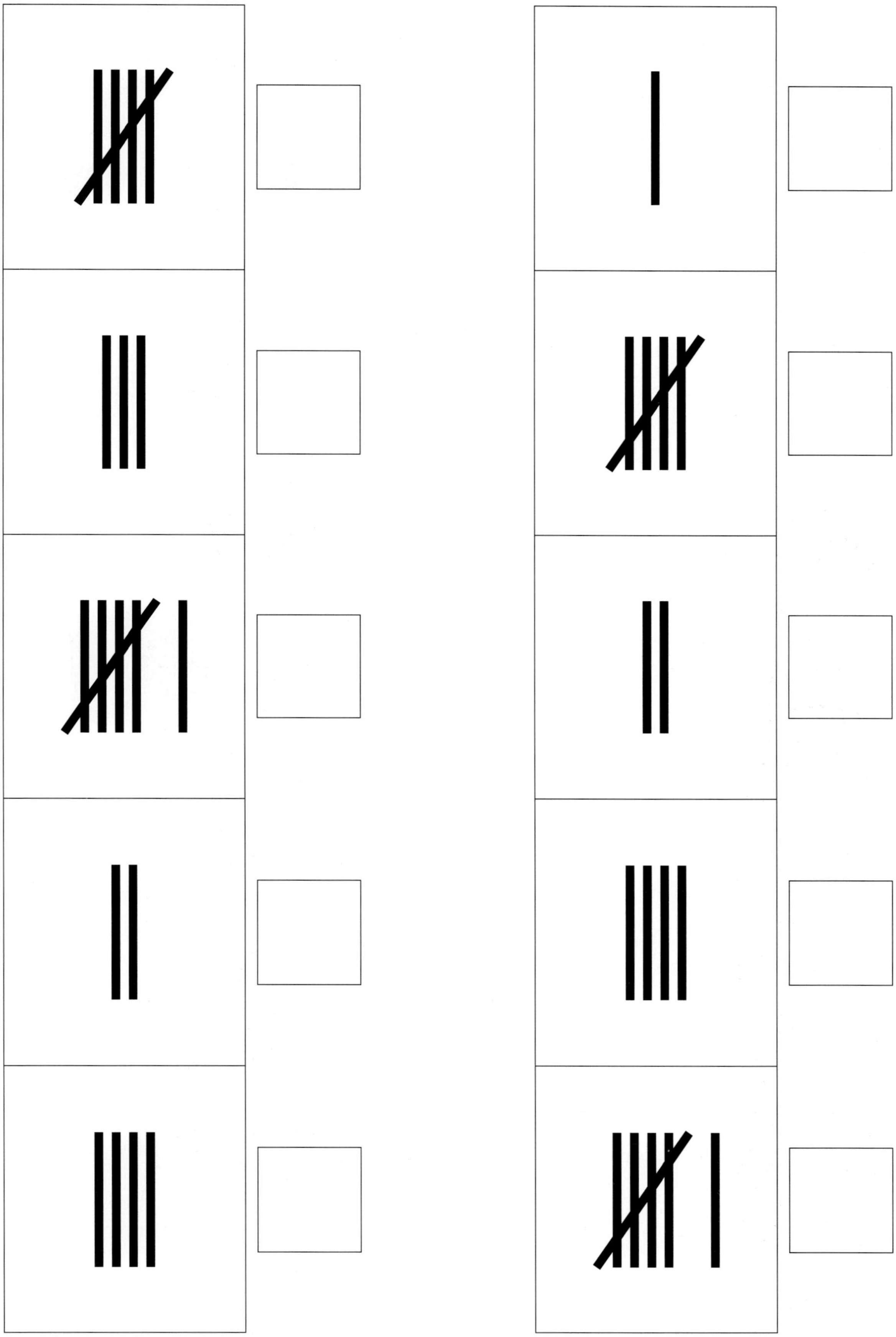

Name: Datum: 2

Die Zahlenreihe bis 10

- Wie heißen die Nachbarzahlen? Verbinde richtig!

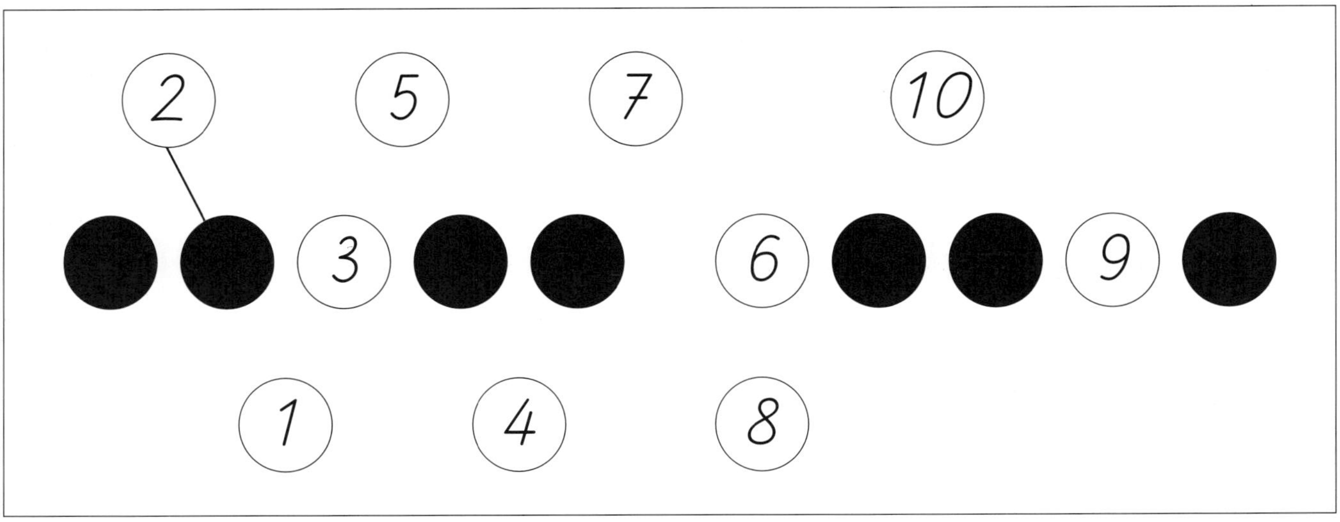

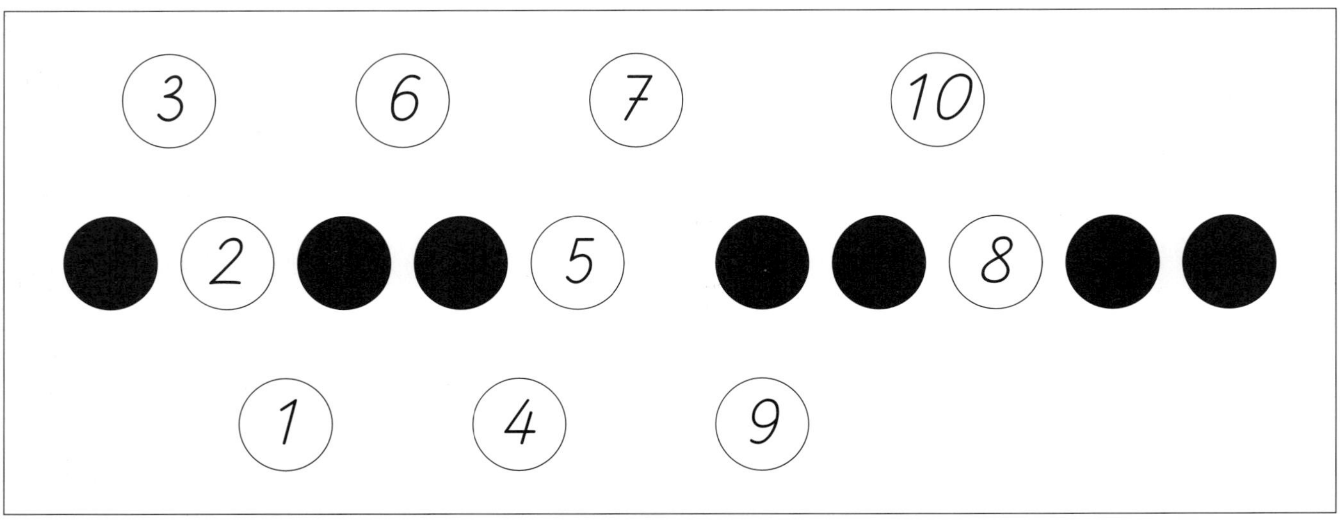

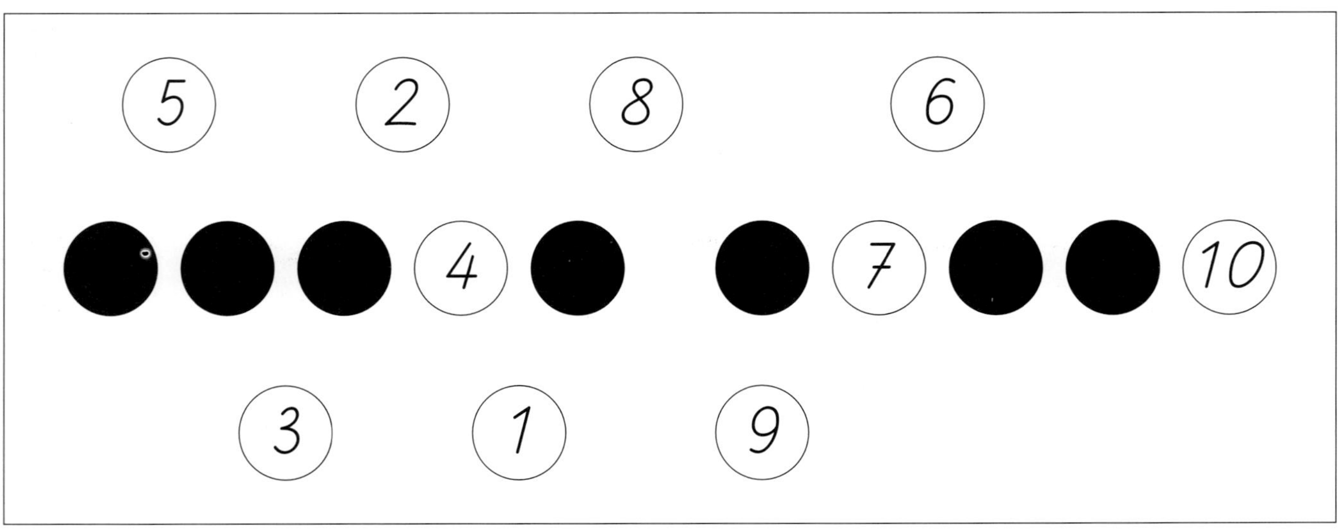

Name: Datum:

Die Zahlenreihe bis 10

- Welche Zahlen fehlen? Schreibe sie in die Zahlenreihe!

1	2	3	4	5	6	7	8	9	10
1		3		5		7		9	
	2		4		6		8		10
1	2		4	5		7	8		10
	2	3		5	6		8	9	
		3	4		6	7			10
1		3	4		6	7		9	10
1		3			6				10
1				5	6			9	

Name: Datum: 2

Die Zahlenreihe bis 10

- Welche Zahlen fehlen? Schreibe sie in die Zahlenreihe!

1		3		
3		5		
2	3			
2		4		
1		3		
3		5		
	5		7	
	4		6	
	7		9	
1			4	
3			6	
5			8	
	3	4		
	7	8		
	8	9		
2		4		6
	3		5	
		7		
		8		10
		4		
		6		

Die Nachbarzahlen bis 10

- Wie heißen die Nachbarzahlen? Verbinde richtig!

2

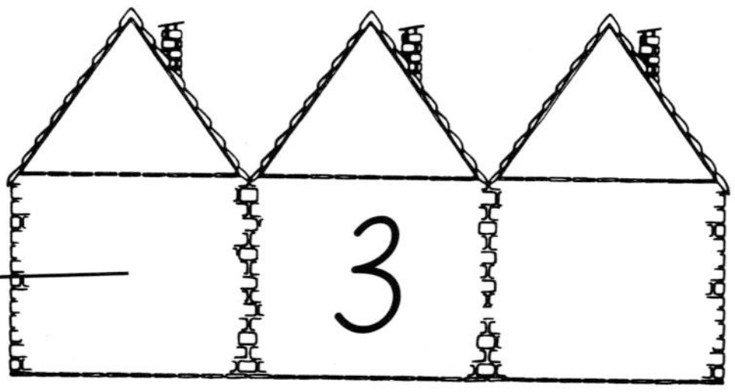

4

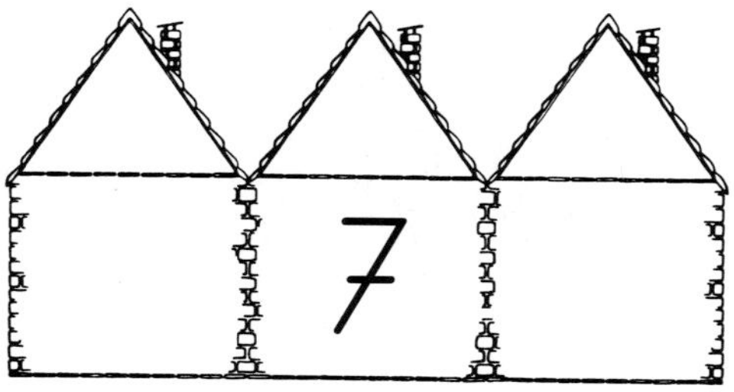

6

7

7

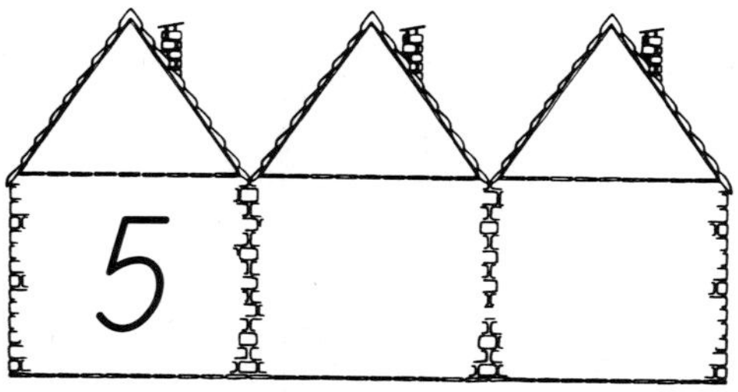

6

8

6

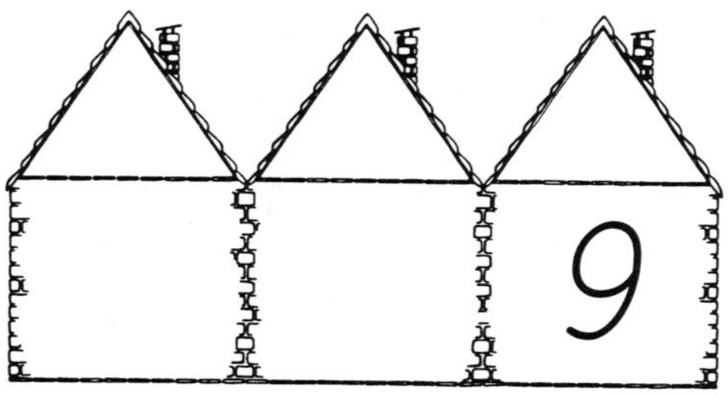

8

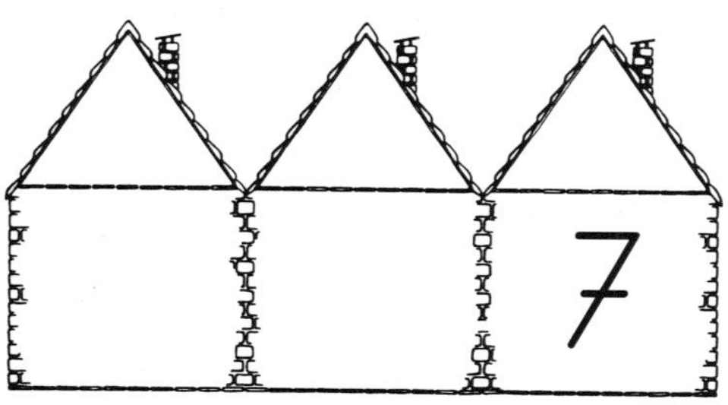

5

Emil Fünf packt immer 5 Sachen

① Emil Fünf packt immer erst 5 Sachen zusammen.
Wie viele Plättchen legt er? Ergänze die 5er-Mengen!

5	○○○○○	5 + 0
6	○○○○○ ●	5 + 1
7	○○○○○ ●●	5 +
	○○○○○ ●●●	
	○○○○○ ●●●●	
	○○○○○ ●●●●●	

② Wie viele Sachen hat Emil Fünf in seinem Werkzeugkoffer?
Packe immer erst 5 zusammen und zähle nicht!

7		
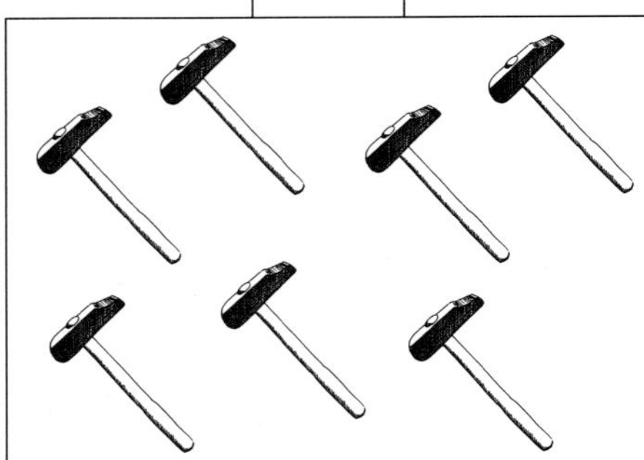	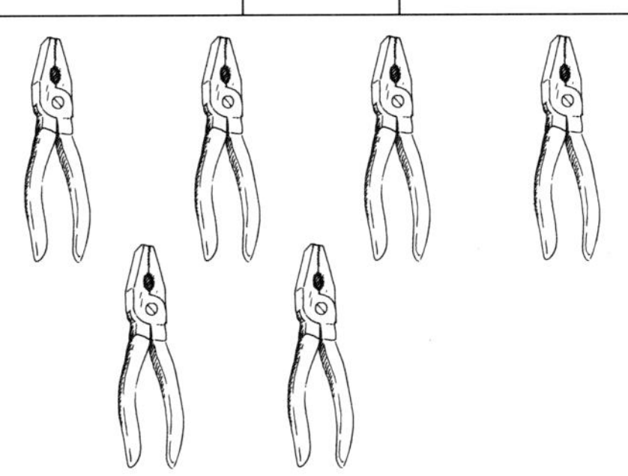	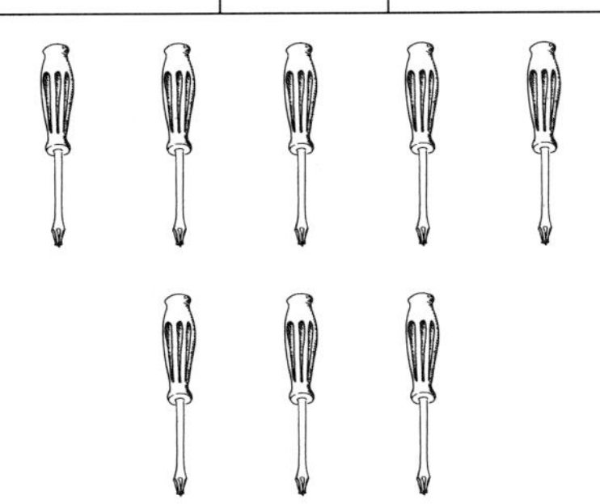
5 + 2		

Name: Datum:

Emil Fünf erkennt die Zahlen schnell

① Wie viele Plättchen siehst du?
Zähle nicht, sondern schreibe die Plus-Aufgabe mit der 5 auf!

5	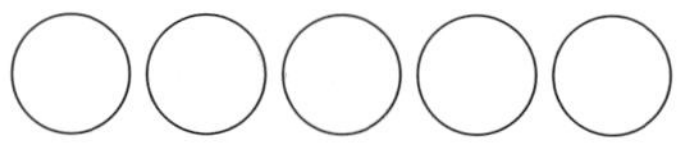	5 + 0
6	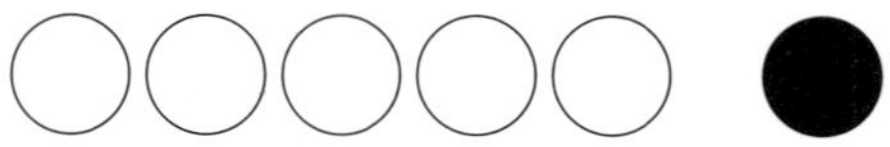	5 + 1
	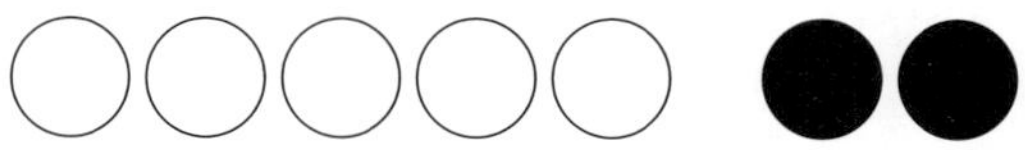	
	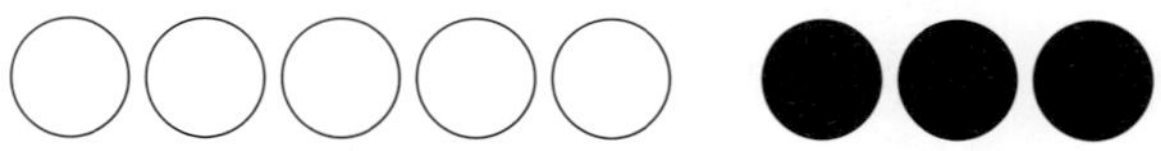	
	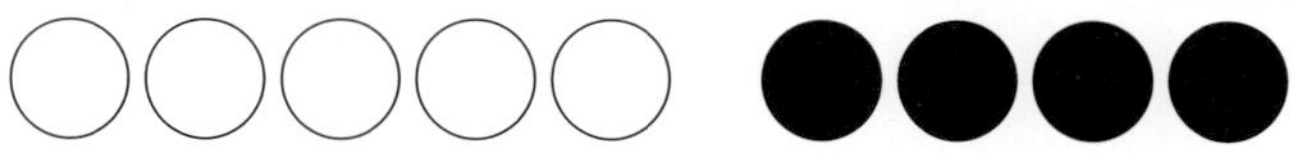	
	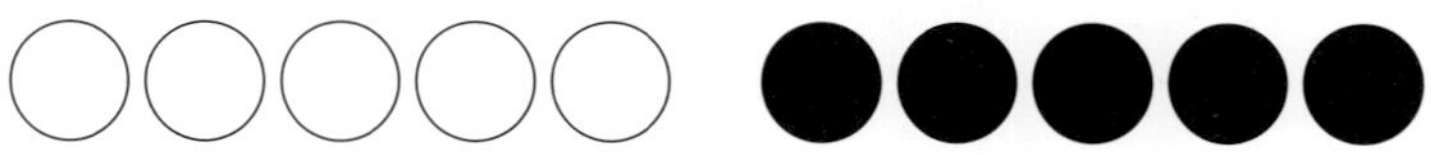	

② Wie viele Sachen hat Emil Fünf in seinem Werkzeugkoffer?
Packe immer erst 5 zusammen und zähle nicht!

6		
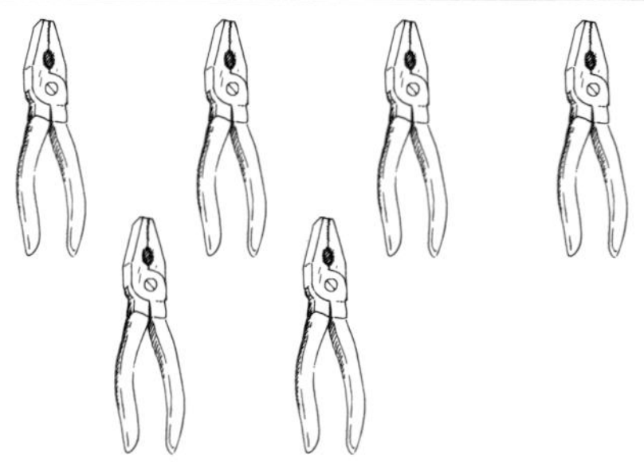	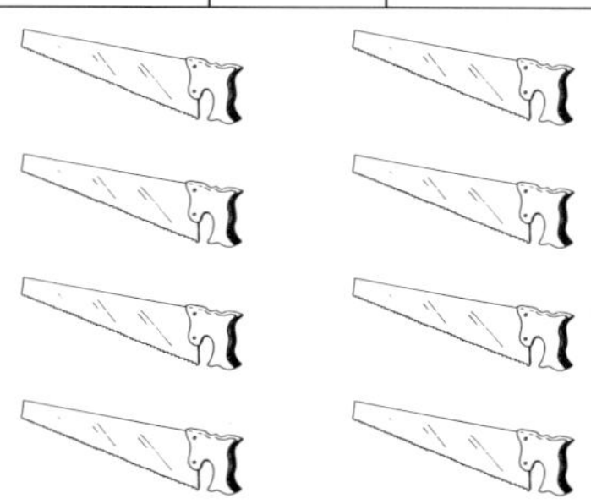	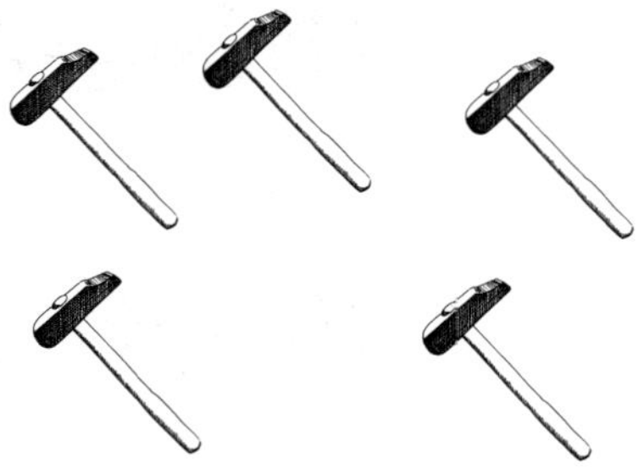
5 + 1		

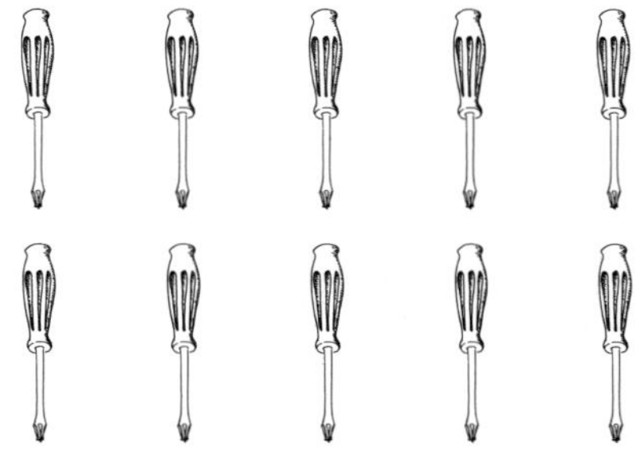	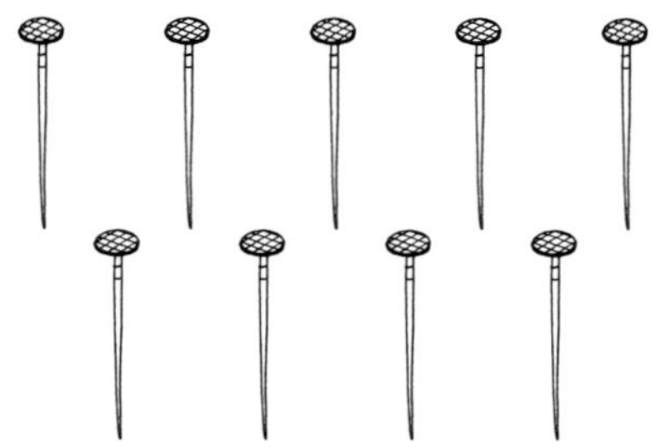	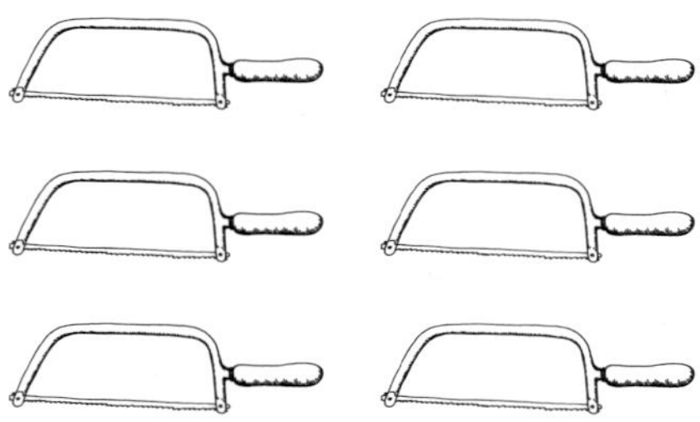

Die Kraft der 5

① Wie viele Finger siehst du?
Zähle nicht, sondern schreibe die Plus-Aufgabe mit der 5 auf!

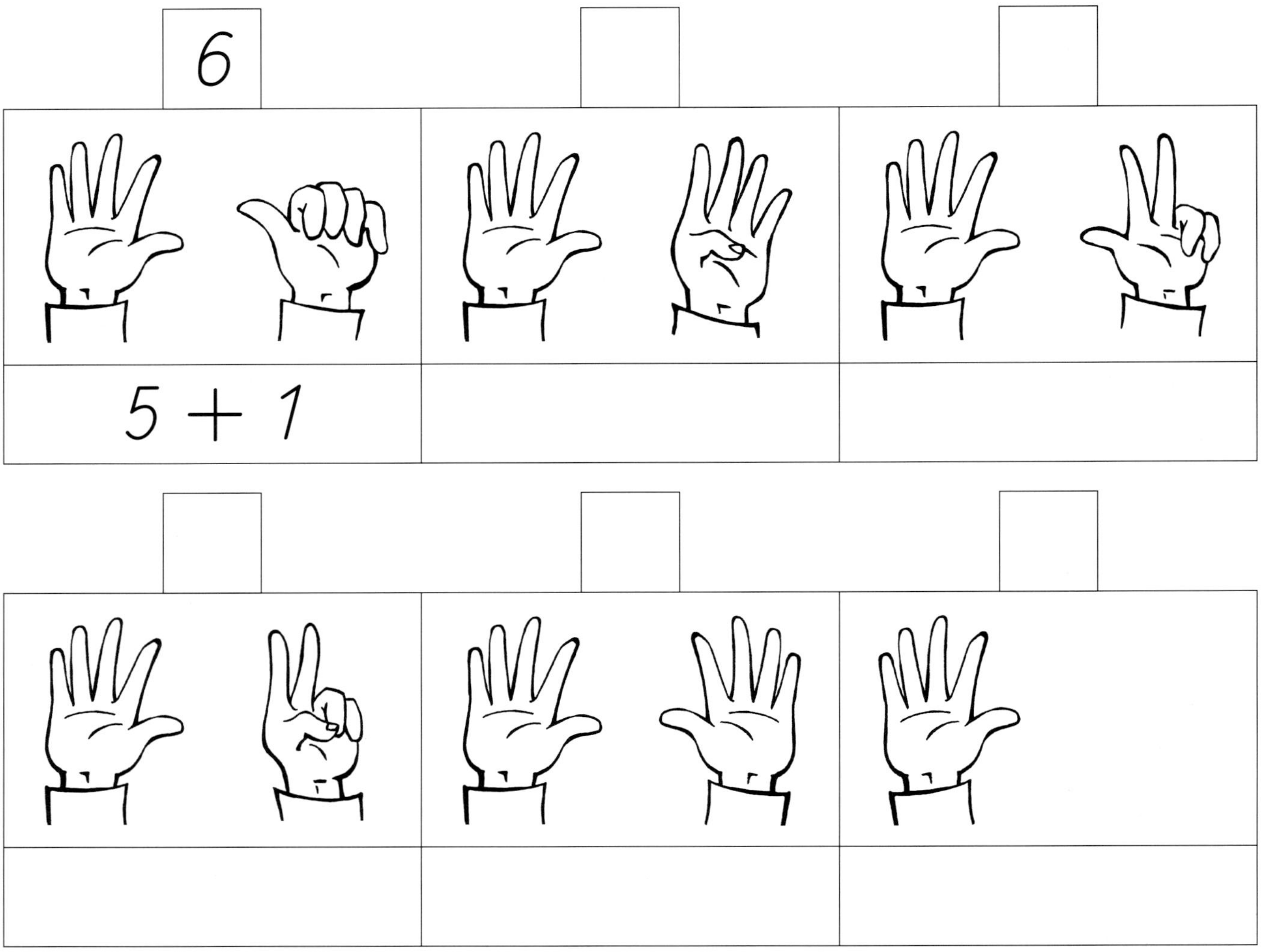

② Wie heißt die Würfelzahl?
Zähle nicht, sondern schreibe die Plus-Aufgabe mit der 5 auf!

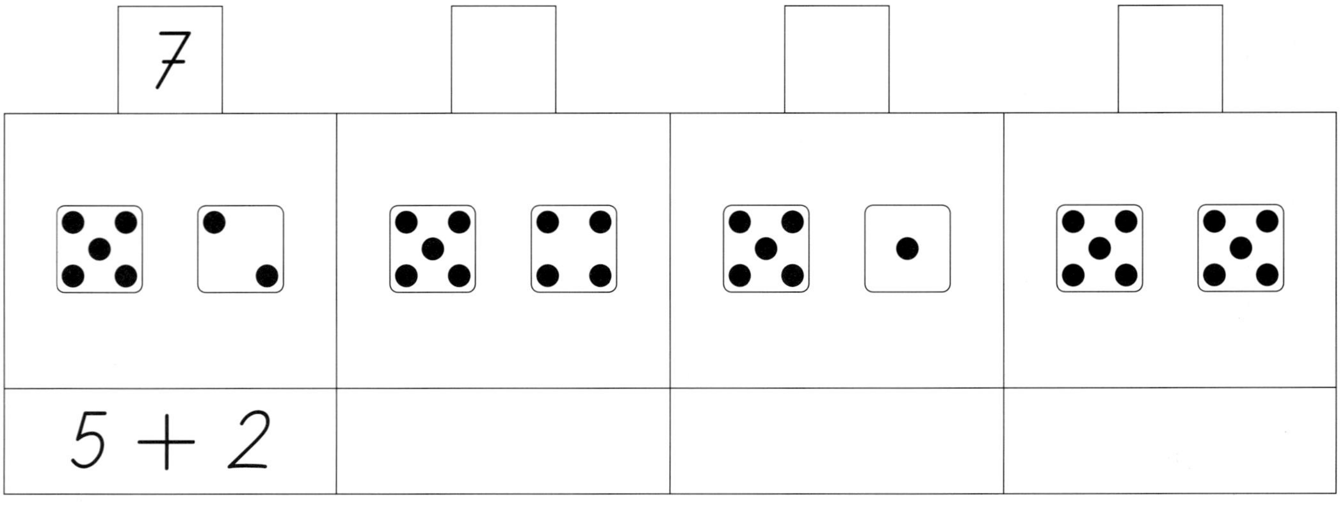

P. Schön/A. Pogoda Saam: Den Zahlenraum bis 10 aktiv entdecken

Name: Datum: **3**

Die Kraft der 5

- Wie viele? Schreibe die Strichzahl und die dazugehörige Plus-Aufgabe auf!

●●●●● ●●●	||||/ |||	5	+	3	=	8
●●●●● ●			+		=	
●●●●● ●●			+		=	
●●●●●			+		=	
●●●●● ●●●●			+		=	
●●●●● ●			+		=	
●●●●● ●●			+		=	
●●●●● ●●●			+		=	
●●●●● ●●●●●			+		=	

Name: Datum:

Die Kraft der 5

① Wie viel Geld ist das? Sprich: *5 Euro und 2 Euro ist gleich 7 Euro.*
② Male das Geld in den richtigen Farben aus!

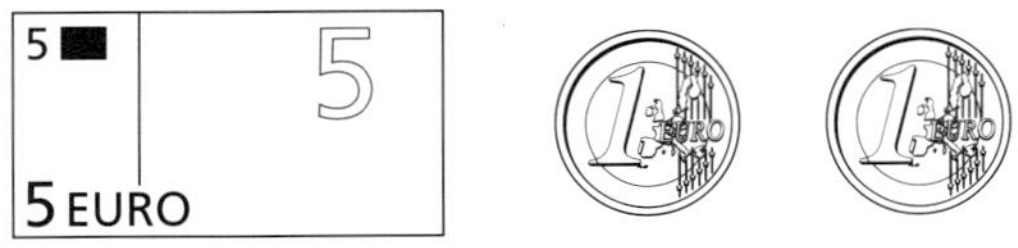

7 €

€

€

€

ct

ct

ct

ct

ct

Name: Datum:

Das Krokodil Immermehr

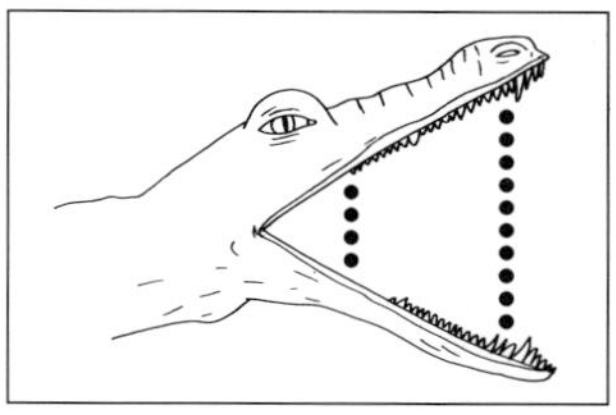

$4 < 10$

4 ist kleiner als 10

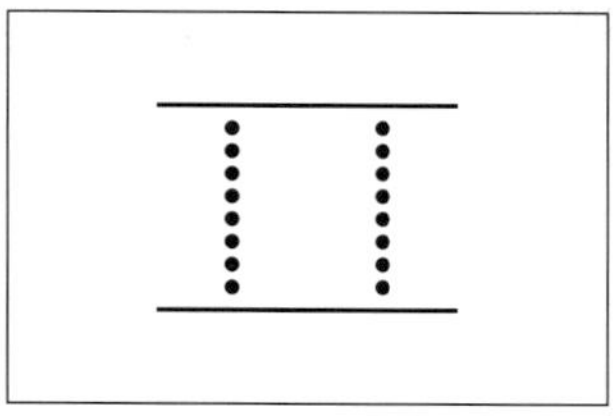

$8 = 8$

8 ist gleich 8

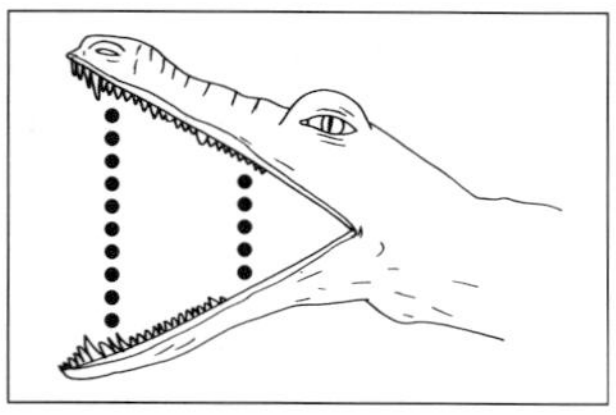

$10 > 5$

10 ist größer als 5

- Hier siehst du Immermehrs Speiseplan! Trage ein: < = >

Tag					
Montag	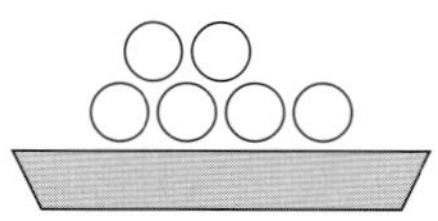	6	>	4	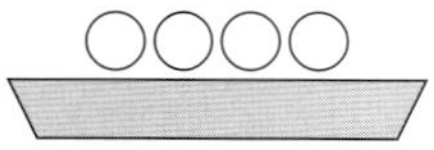
Dienstag	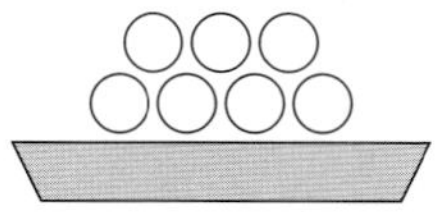				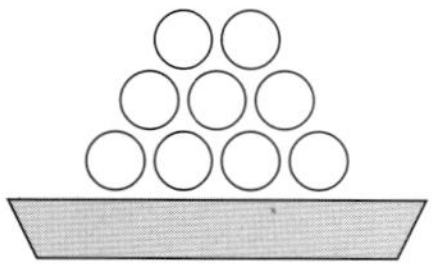
Mittwoch	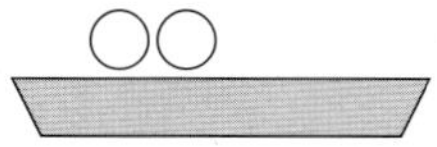				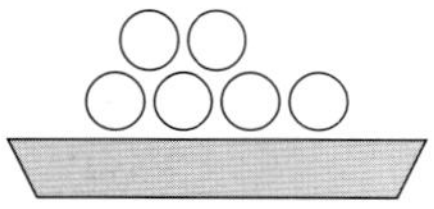
Donnerstag	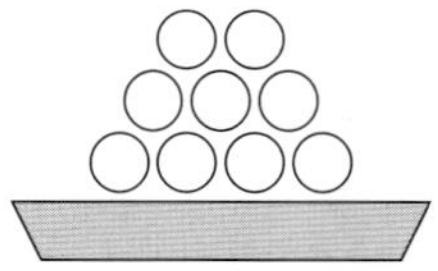				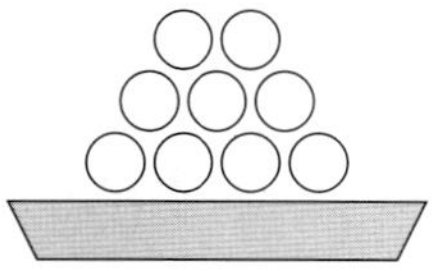
Freitag	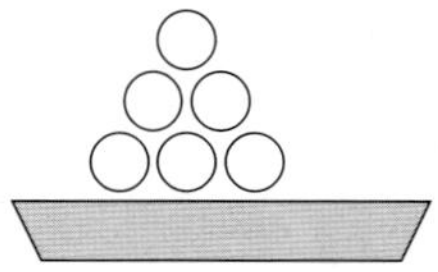				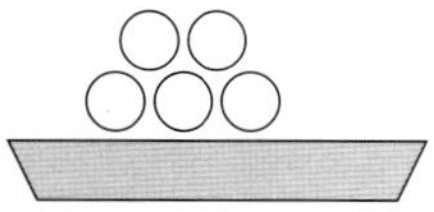
Samstag	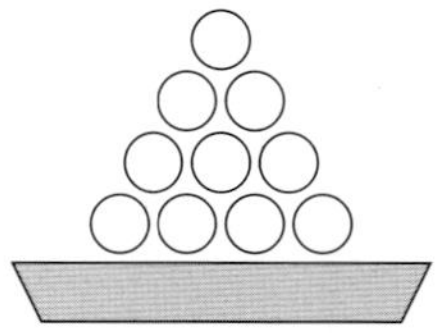				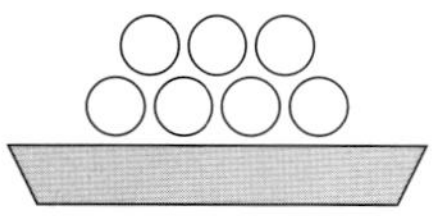
Sonntag	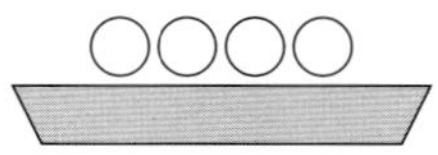				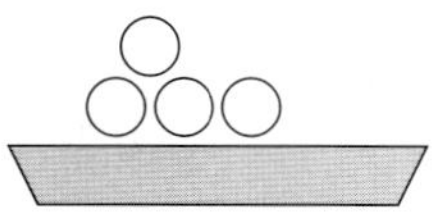

Wir vergleichen

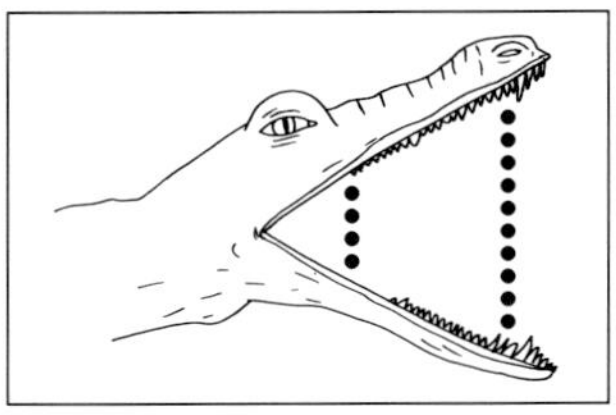

4 < 10

4 ist kleiner als 10

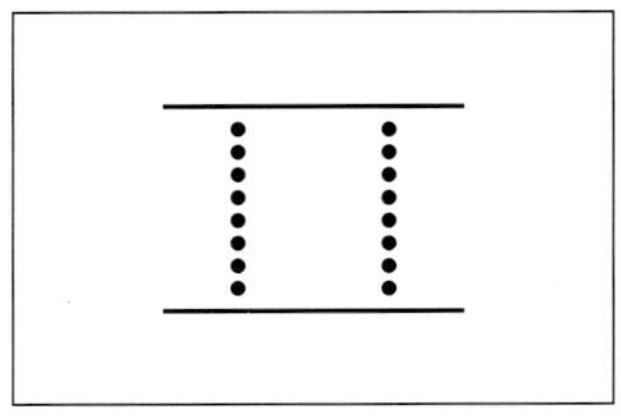

8 = 8

8 ist gleich 8

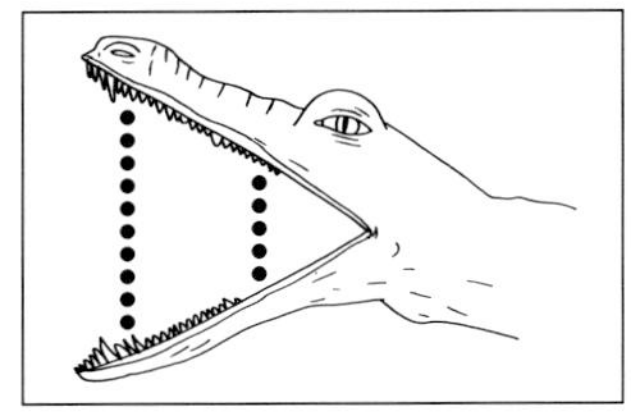

10 > 5

10 ist größer als 5

① Setze das richtige Zeichen ein: < = >

3	○	6	6	○	6	1	○	3
4	○	4	4	○	5	2	○	7
7	○	8	9	○	8	9	○	6

② Setze eine richtige Zahl ein!

4	>			>	9		>	
6	<			<	5		<	
2	=			=	4		=	

P. Schön/A. Pogoda Saam: Den Zahlenraum bis 10 aktiv entdecken

Name: Datum:

Wir werfen 5 Plättchen

① Schau genau! Wie viele rote und wie viele blaue Plättchen wurden geworfen?
Trage richtig ein!

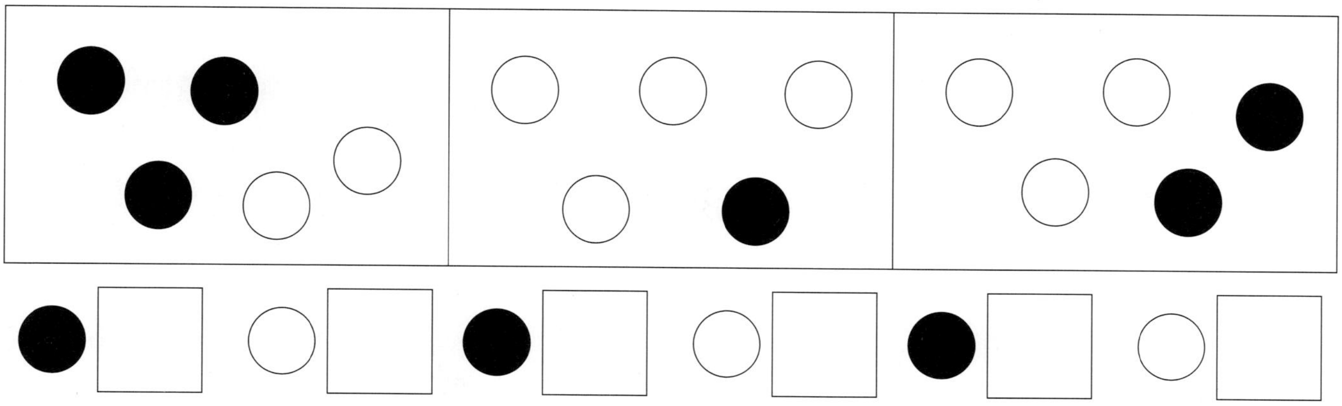

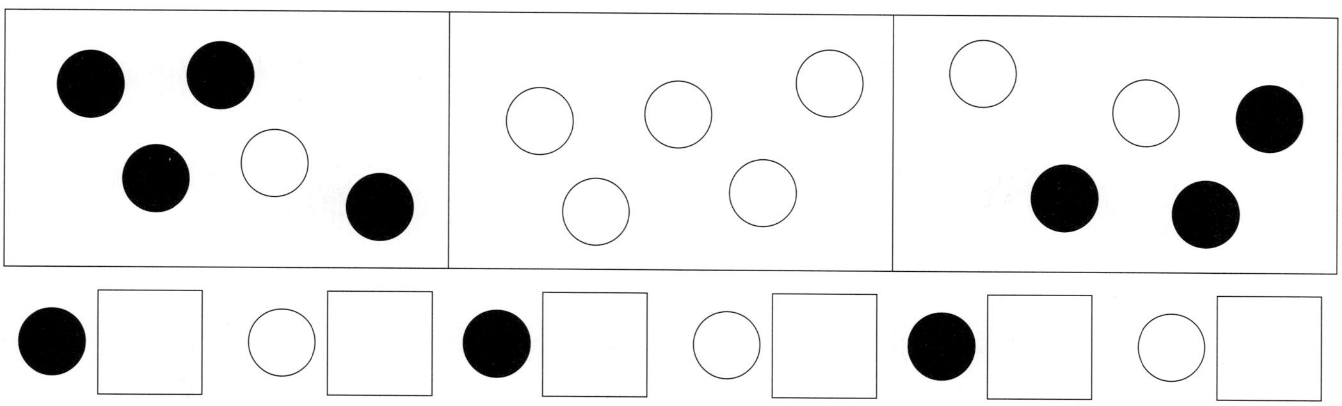

② Welche Wurfmöglichkeiten gibt es?
Male die Plättchen rot und blau aus und mache am Ende immer 5 Striche.

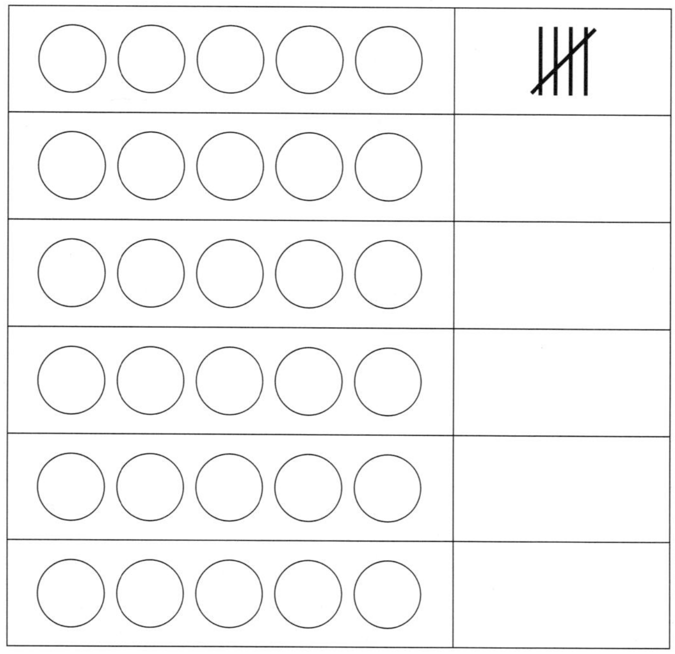

Wir werfen Plättchen

① Wirf immer 3 Plättchen! Welche Wurfmöglichkeiten gibt es?
Male die Plättchen rot und blau aus und mache am Ende immer 3 Striche!

○ ○ ○	|||
○ ○ ○	
○ ○ ○	
○ ○ ○	

② Wirf immer 4 Plättchen! Welche Wurfmöglichkeiten gibt es?
Male die Plättchen rot und blau aus und mache am Ende immer 4 Striche!

○ ○ ○ ○	||||
○ ○ ○ ○	
○ ○ ○ ○	
○ ○ ○ ○	
○ ○ ○ ○	

③ Wirf immer 6 Plättchen! Welche Wurfmöglichkeiten gibt es?
Male die Plättchen rot und blau aus und mache am Ende immer 6 Striche!

○ ○ ○ ○ ○ ○	~~||||~~ |
○ ○ ○ ○ ○ ○	
○ ○ ○ ○ ○ ○	
○ ○ ○ ○ ○ ○	
○ ○ ○ ○ ○ ○	
○ ○ ○ ○ ○ ○	
○ ○ ○ ○ ○ ○	

P. Schön/A. Pogoda Saam: Den Zahlenraum bis 10 aktiv entdecken

Wir werfen Plättchen

Name:

Wer hat gewonnen? ☺

- <u>Spielregel:</u> Am Anfang wird bestimmt, welche Farbe jeder Spieler hat (rot oder blau). Dann werden die 10 Plättchen abwechselnd geworfen. Jeder zählt die Anzahl seiner Plättchen und notiert dies in Form einer Strichzahl. Wer die größere Anzahl hat, darf sich einen Punkt (Kreis ankreuzen) geben. Am Ende werden die Punkte (Kreuze) gezählt und als Strichzahl notiert. Wer die meisten Punkte hat, hat gewonnen.

Name: Datum: 5

Wir schütteln Aufgaben

- Finde die Schüttelaufgaben mit 4 und 5 Kugeln!
  Male und schreibe die Aufgaben auf!

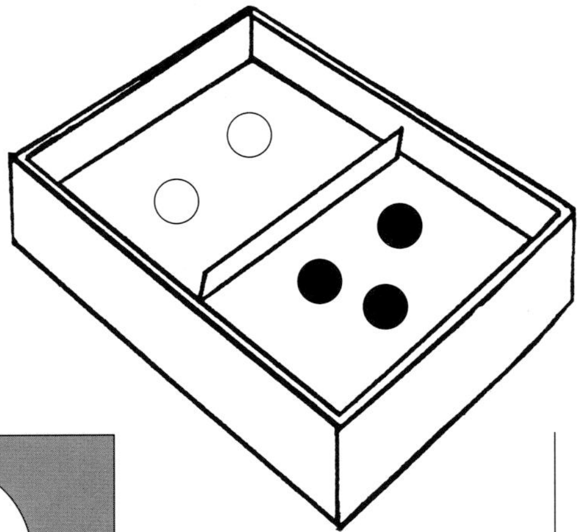

2 + 3

Sprich: *5 Kugeln sind in 2 und 3 zerlegt.*

4

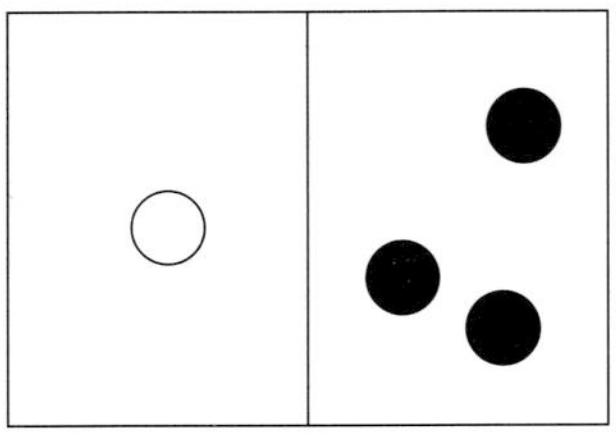

1 + 3

5

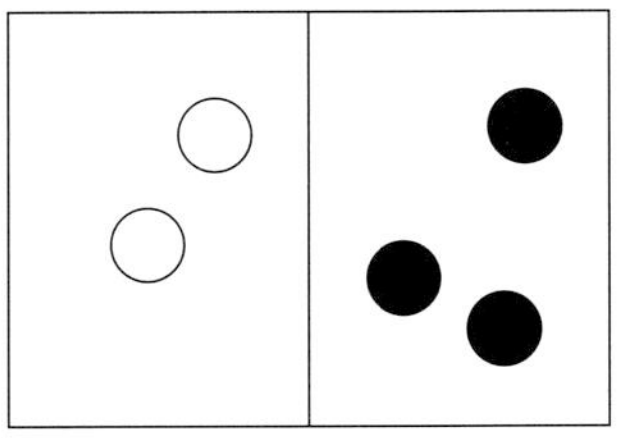

2 + 3

Name: Datum: 5

Wir schütteln Aufgaben

- Finde die Schüttelaufgaben mit 6 und 7 Kugeln!
  Male und schreibe die Aufgaben auf!

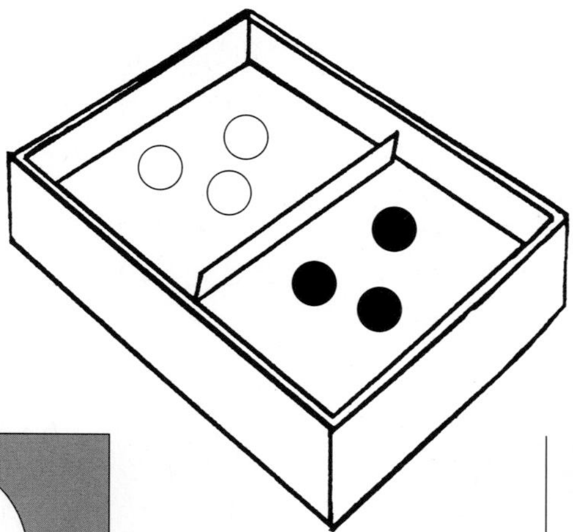

3 + 3

Sprich: *6 Kugeln sind in 3 und 3 zerlegt.*

6

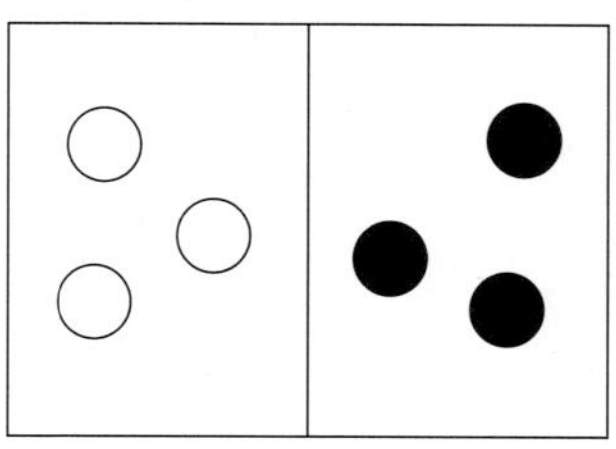

3 + 3

7

Name: Datum:

Wir schütteln Aufgaben

- Finde Schüttelaufgaben!
  Male und schreibe die Aufgaben auf!

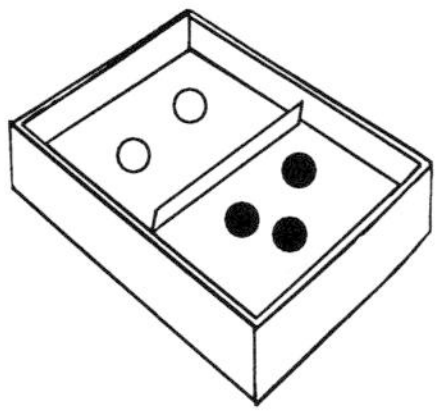

2 + 3

Sprich: *5 Kugeln sind in 2 und 3 zerlegt.*

5

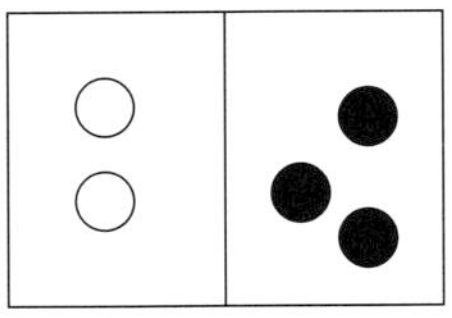

2 + 3

6

7

8

P. Schön/A. Pogoda Saam: Den Zahlenraum bis 10 aktiv entdecken

Name: Datum:

Wir zerlegen Mengen

① Bestimme die Anzahl der Plättchen und finde Zerlegungsmöglichkeiten!
② Male und schreibe die Aufgaben auf!

Sprich: *5 Plättchen sind in 2 und 3 zerlegt.*

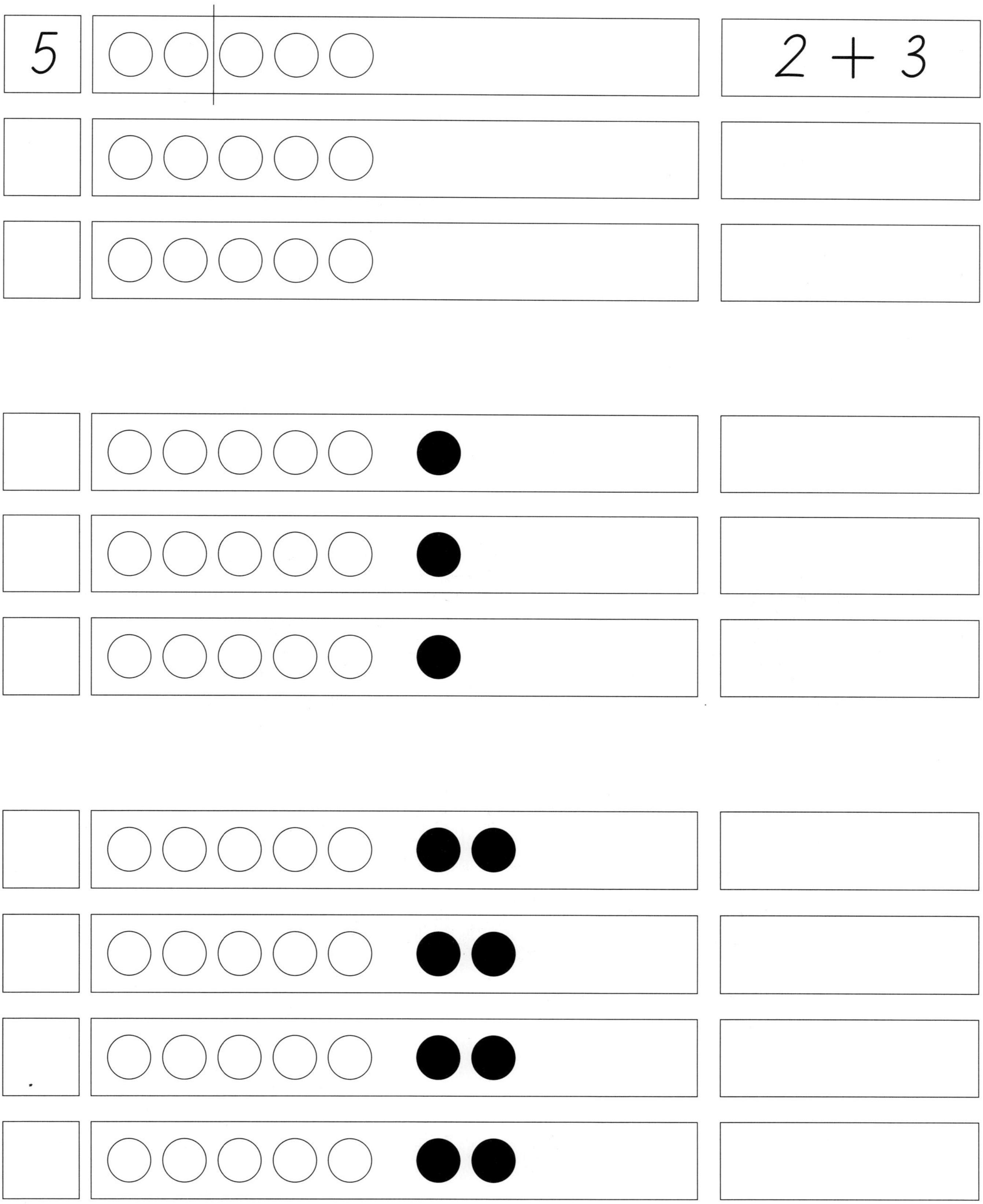

Name: Datum:

Wir zerlegen Mengen

① Bestimme die Anzahl der Plättchen und finde Zerlegungsmöglichkeiten!
② Male und schreibe die Aufgaben auf!

4	○ | ○○○	1 + 3
	○○○○○ ●●	
	○○○○○ ●●●●	
	○○○○○	
	○○○○○ ●	
	○○○○○ ●●●●●	
	○○○○○ ●●	
	○○○○○ ●●●	
	○○○○○ ●●●●	
	○○○○	
	○○○○○ ●●●	

Name: Datum:

Zerlegungsaufgaben bis 10

① Zerlege in zwei Teilmengen!

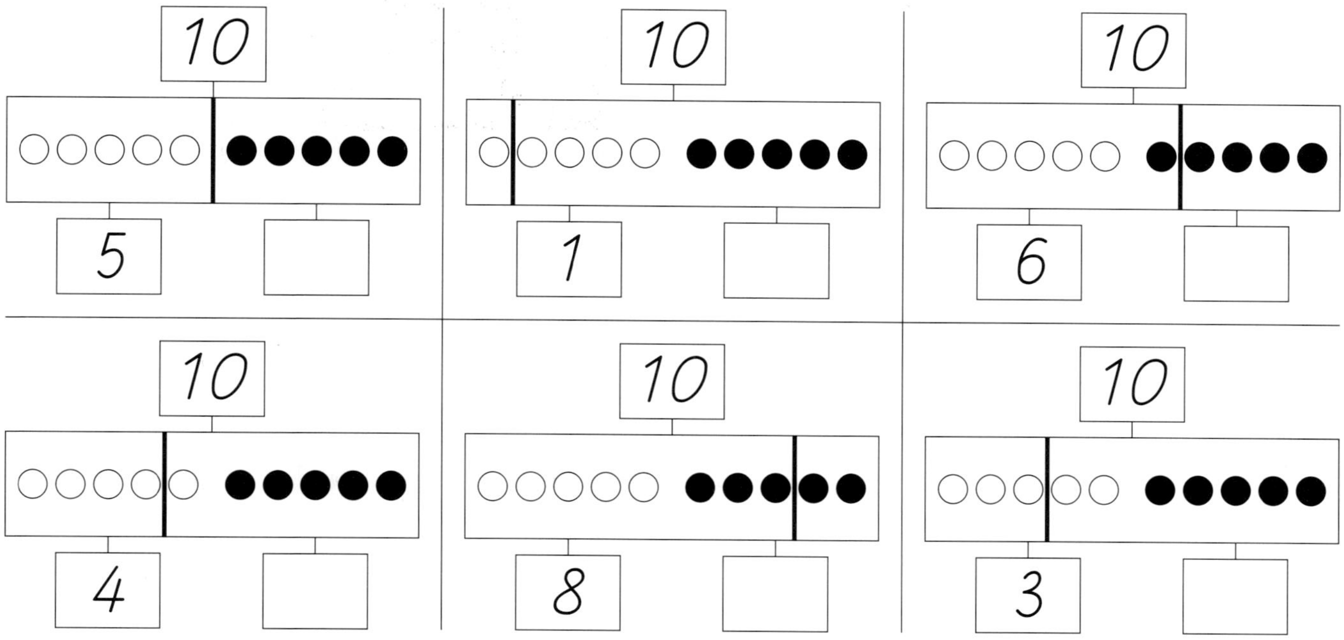

② Zerlege selbst!

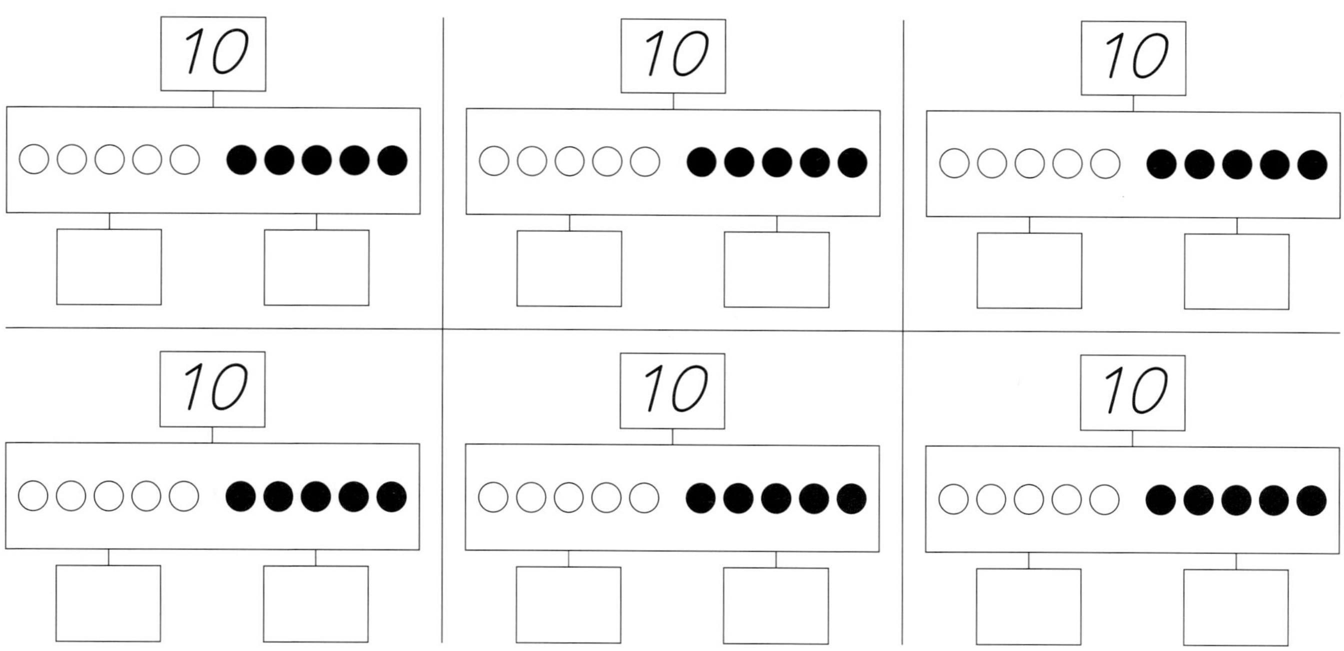

Name: Datum:

Zerlegungsaufgaben bis 10

① Zerlege in zwei Teilmengen!

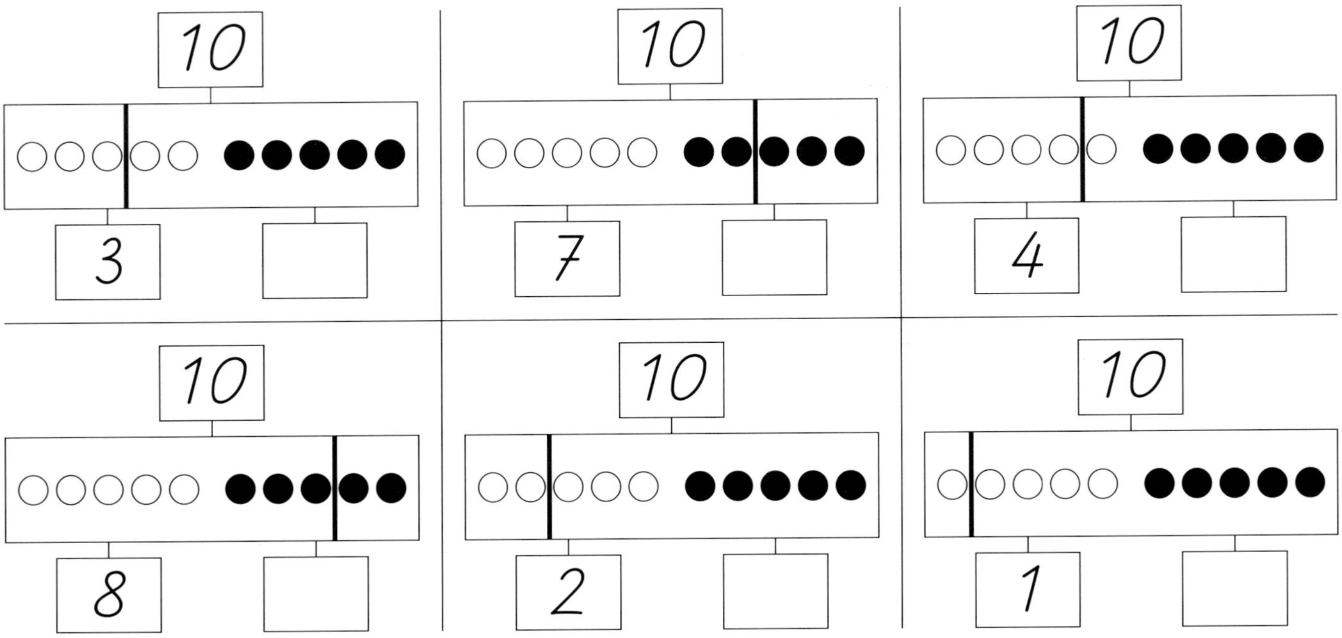

② Zerlege selbst!

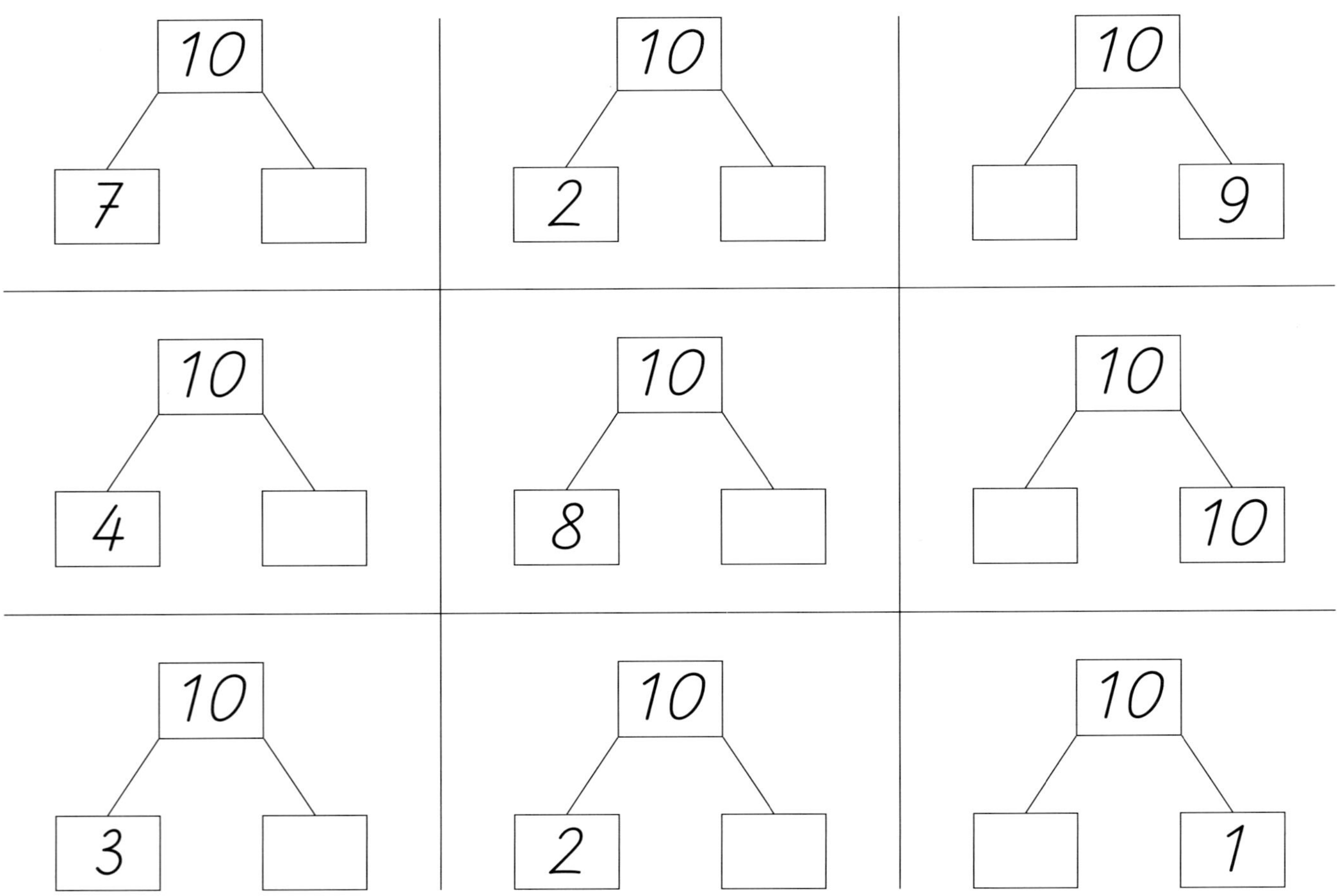

Name: Datum:

Wir finden Zerlegungsmöglichkeiten

○○○
○○●
○●●
●●●

Sprich:
3 Plättchen sind zerlegt in 3 rote und 0 blaue, in 2 rote und 1 blaues usw.

① Lege und male Reihen mit 3 Plättchen.
Welche verschiedenen Reihen kannst du legen? Ordne die Reihen!

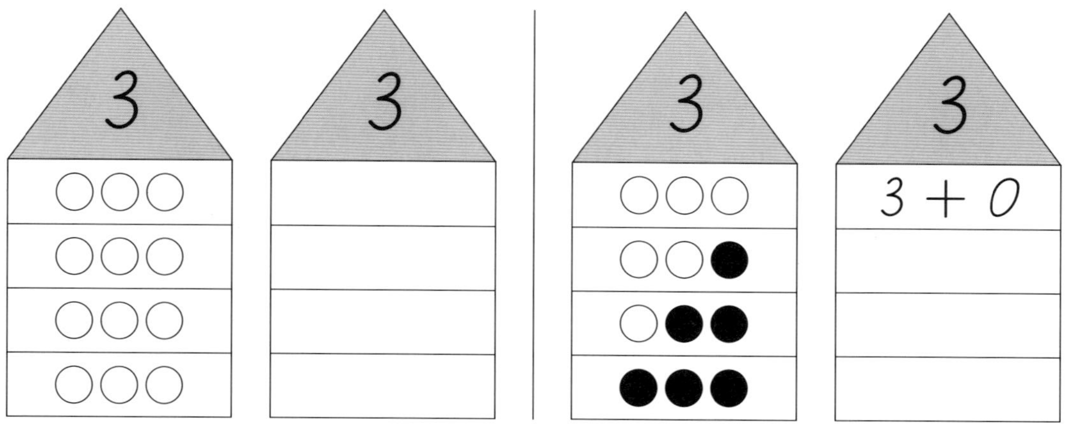

② Lege geordnete Reihen mit 4 Plättchen!
Schreibe die Zerlegung auf!

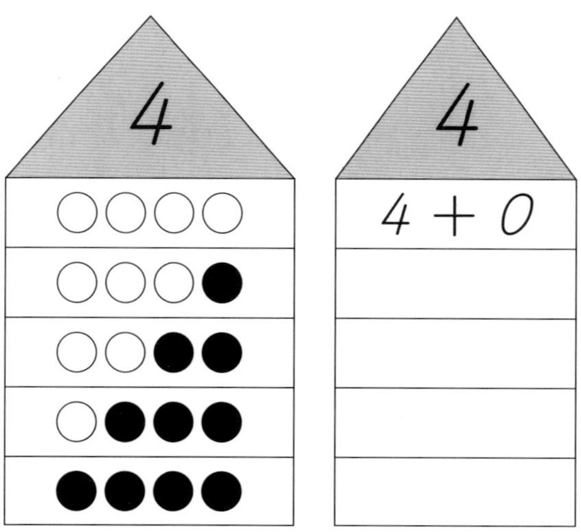

③ Lege geordnete Reihen mit 5 Plättchen!
Schreibe die Zerlegung auf!

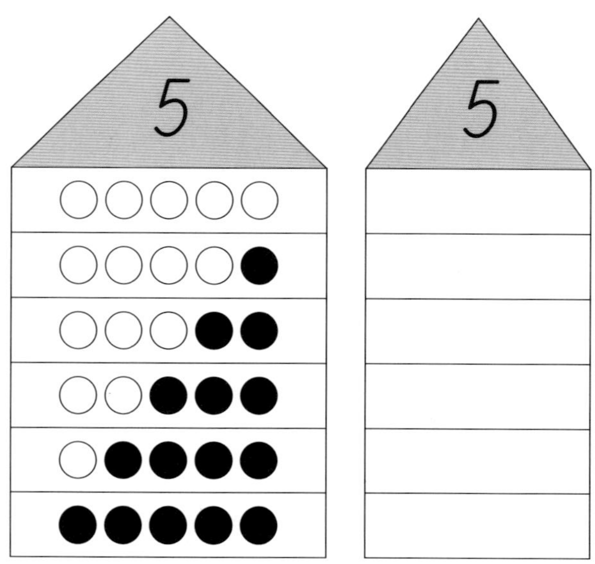

Name: Datum:

Wir finden Zerlegungsmöglichkeiten

① Lege geordnete Reihen mit 6 Plättchen.
Schreibe die Zerlegung auf!

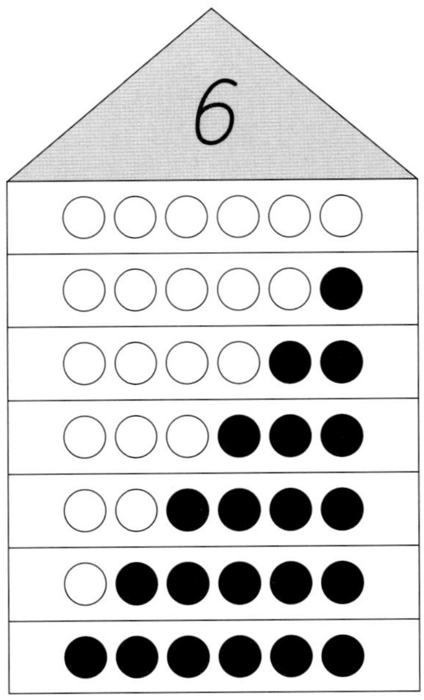

6
6 + 0

② Lege geordnete Reihen mit 7 Plättchen!
Schreibe die Zerlegung auf!

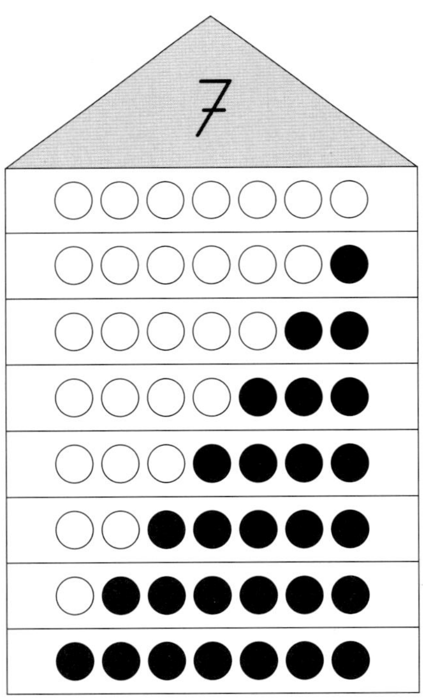

7
7 + 0

Name: Datum:

Wir finden Zerlegungsmöglichkeiten

① Lege geordnete Reihen mit 8 Plättchen!
Schreibe die Zerlegung auf!

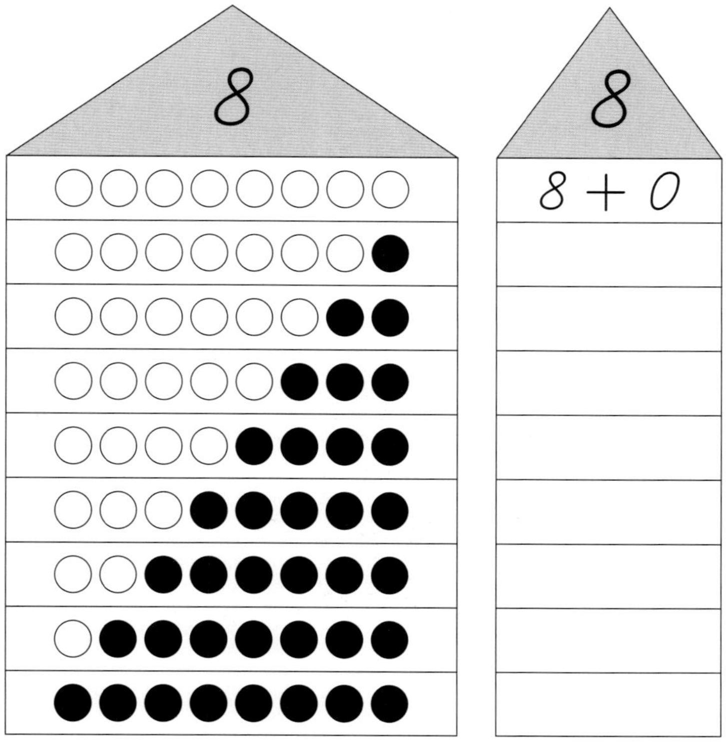

② Lege geordnete Reihen mit 9 Plättchen!
Schreibe die Zerlegung auf!

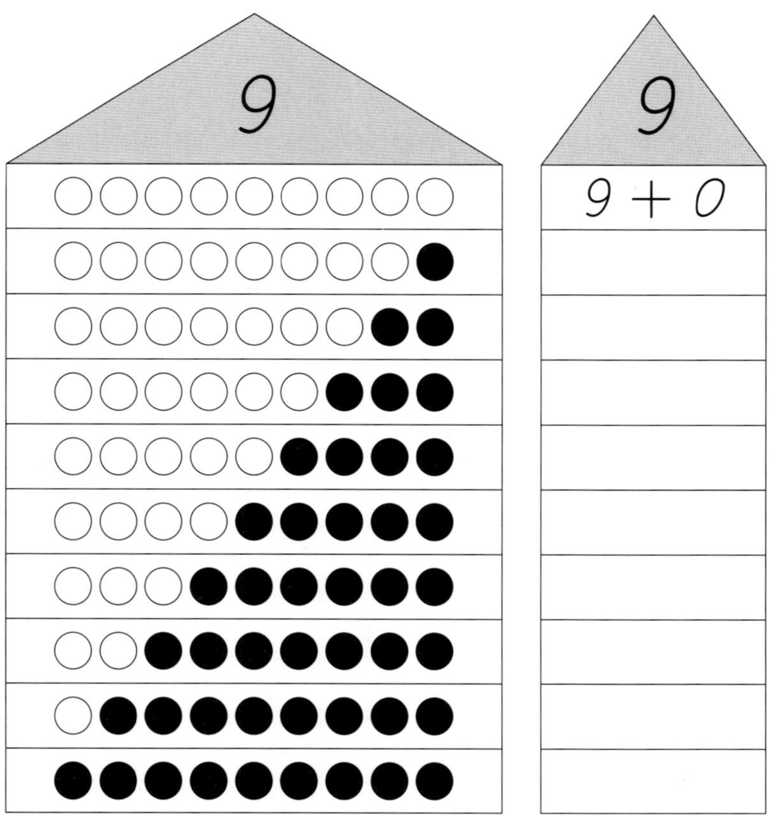

Name: Datum: **5**

Wir finden Zerlegungsmöglichkeiten

- Lege geordnete Reihen mit 10 Plättchen! Schreibe die Zerlegung auf!

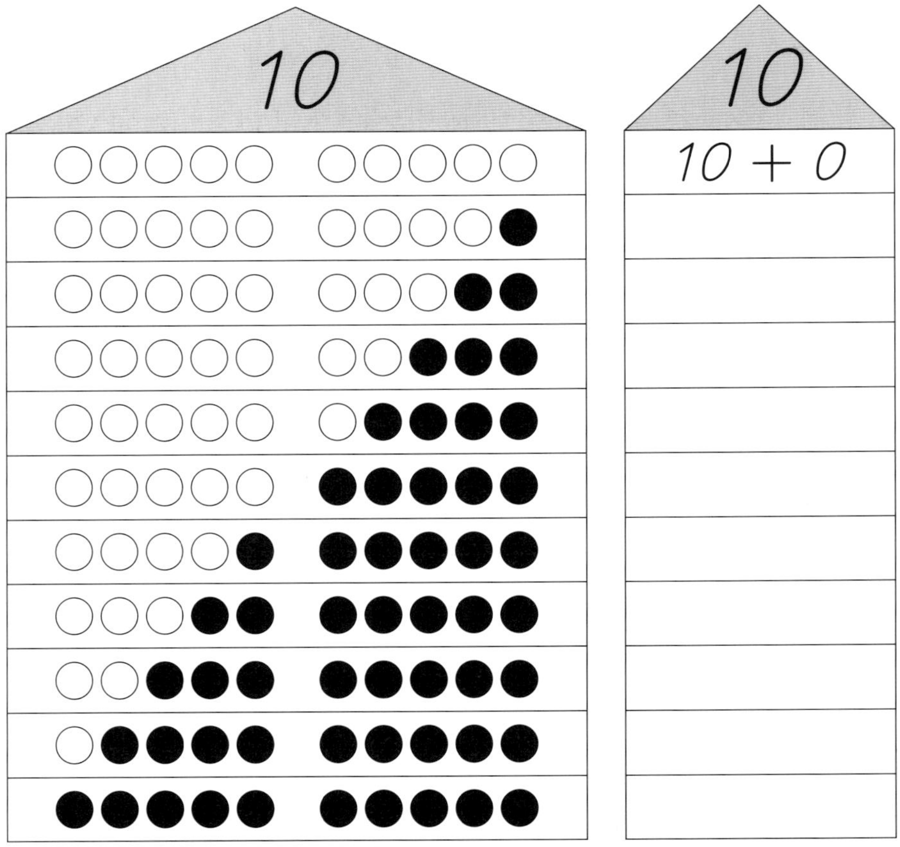

Name: Datum: **5**

Wir finden Zerlegungsmöglichkeiten

- Lege und male geordnete Reihen mit 10 Plättchen! Schreibe die Zerlegung auf!

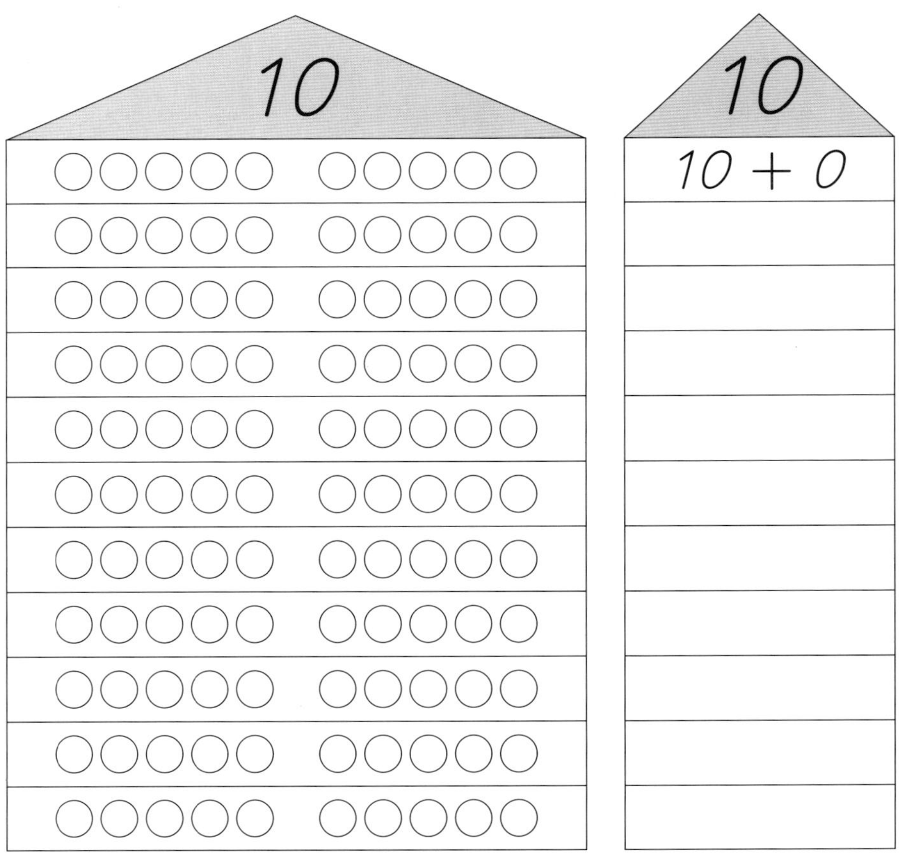

Name: Datum:

Wir finden Zerlegungsmöglichkeiten

- Wirf die angegebene Zahl an Plättchen und schreibe die Zerlegung auf!

Name: Datum:

Der Zauberer Peter Plus

- Was zaubert Peter Plus? Schau genau und rechne!

Zuerst liegen 3 Äpfel auf dem Brett.

Dann zaubert Peter Plus 1 Apfel dazu.

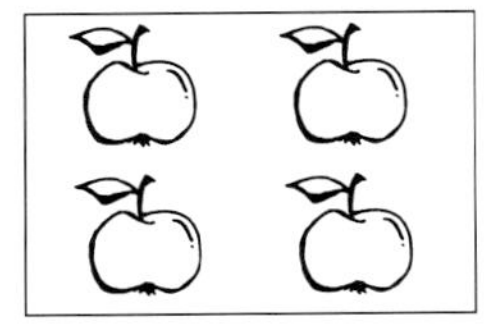

Zuletzt sind … Äpfel auf dem Brett.

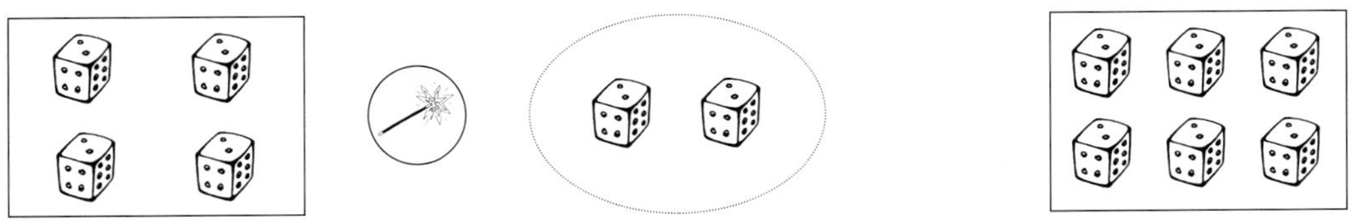

☐ + ☐ = ☐

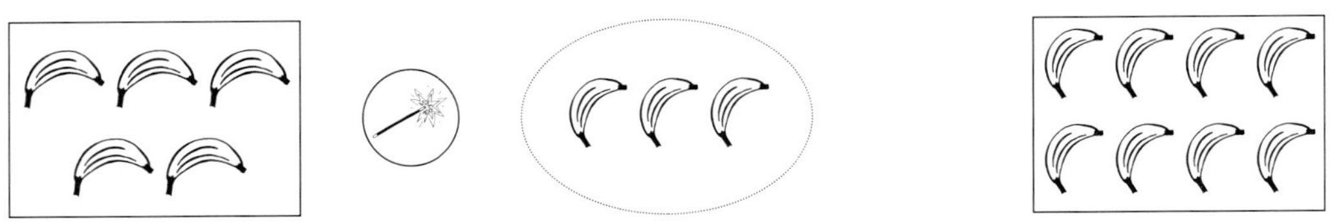

☐ + ☐ = ☐

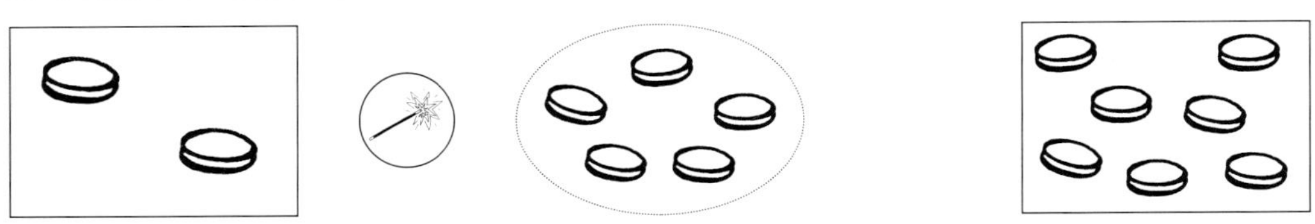

☐ + ☐ = ☐

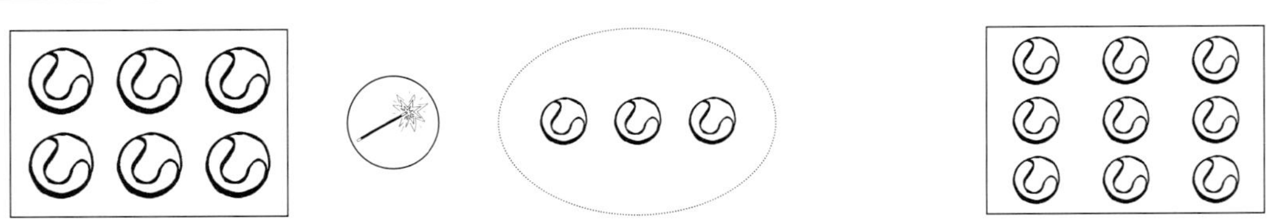

☐ + ☐ = ☐

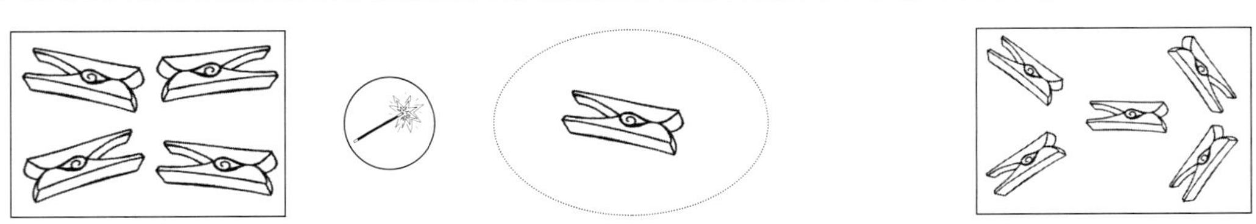

☐ + ☐ = ☐

P. Schön/A. Pogoda Saam: Den Zahlenraum bis 10 aktiv entdecken

Name: Datum:

Wir rechnen Plus-Aufgaben bis 10

- Schau genau und rechne!

5 + 2 = ☐	3 + 6 = ☐
2 + 5 = ☐	3 + 7 = ☐
4 + 3 = ☐	2 + 4 = ☐
2 + 7 = ☐	3 + 5 = ☐
5 + 4 = ☐	6 + 4 = ☐
9 + 0 = ☐	4 + 1 = ☐
2 + 6 = ☐	6 + 3 = ☐
6 + 0 = ☐	8 + 1 = ☐
7 + 3 = ☐	5 + 5 = ☐

Name: Datum:

Wir rechnen Plus-Aufgaben bis 10

① Male die Plättchen rot und blau an und rechne!

5 + 3 = ☐	2 + 6 = ☐
9 + 1 = ☐	1 + 5 = ☐
2 + 3 = ☐	6 + 4 = ☐
3 + 7 = ☐	8 + 2 = ☐
2 + 4 = ☐	5 + 4 = ☐
6 + 0 = ☐	1 + 3 = ☐

② Lege die Aufgabe mit deinen Plättchen und rechne!

5	+	4	=		3	+	2	=	
0	+	9	=		1	+	6	=	
2	+	1	=		2	+	2	=	

Name: Datum:

Wir rechnen Plus-Aufgaben bis 10

① Lege die Plättchen!
② Male die Plättchen rot und blau an!
③ Wie viele sind es? Rechne und schreibe!

1	+	2	=	
2	+	2	=	
2	+	1	=	
3	+	2	=	
2	+	3	=	
4	+	1	=	
2	+	0	=	
1	+	3	=	
5	+	0	=	

Name: Datum:

Wir rechnen Plus-Aufgaben bis 10

① Lege die Plättchen!
② Male die Plättchen rot und blau an!
③ Wie viele sind es? Rechne und schreibe!

2	+	4	=	
4	+	3	=	
6	+	2	=	
5	+	3	=	
8	+	1	=	
4	+	4	=	
7	+	2	=	
6	+	3	=	
5	+	5	=	

P. Schön/A. Pogoda Saam: Den Zahlenraum bis 10 aktiv entdecken

Name: Datum:

Wir rechnen Plus-Aufgaben bis 10

① Lege die Plättchen!
② Male die Plättchen rot und blau an!
③ Wie viele sind es? Rechne und schreibe!

4	+	5	=	
6	+	3	=	
7	+	2	=	
3	+	7	=	
6	+	4	=	
6	+	3	=	
5	+	4	=	

④ Erfinde Aufgaben! Lege und male! Wie viele sind es?

	+		=	
	+		=	
	+		=	

Name: Datum:

Finde Plus-Aufgaben bis 10

- Lege und rechne!

○ ○ ○ ○ ○   ○ ○ ○ ○ ○

☐ + ☐ = ☐

☐ + ☐ = ☐

☐ + ☐ = ☐

☐ + ☐ = ☐

☐ + ☐ = ☐

☐ + ☐ = ☐

☐ + ☐ = ☐

☐ + ☐ = ☐

☐ + ☐ = ☐

☐ + ☐ = ☐

Plus-Aufgaben bis 10

① Wie heißt die Plus-Aufgabe? Schreibe auf und rechne!

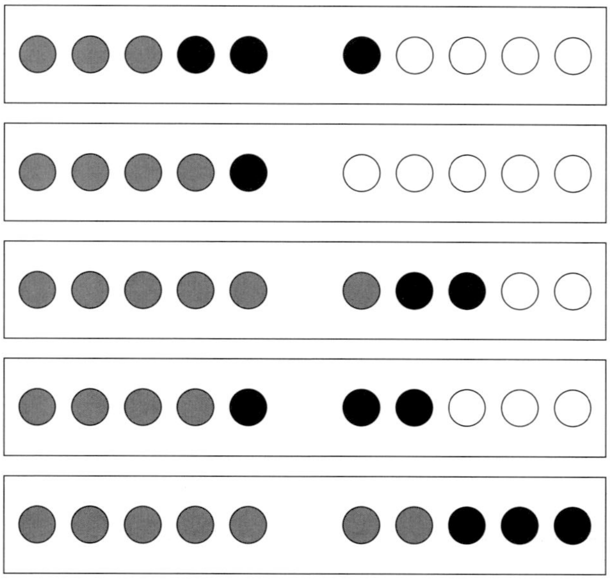

3 + 3 = ___

___ + ___ = ___

___ + ___ = ___

___ + ___ = ___

___ + ___ = ___

② Male die Plättchen rot und blau an und rechne!

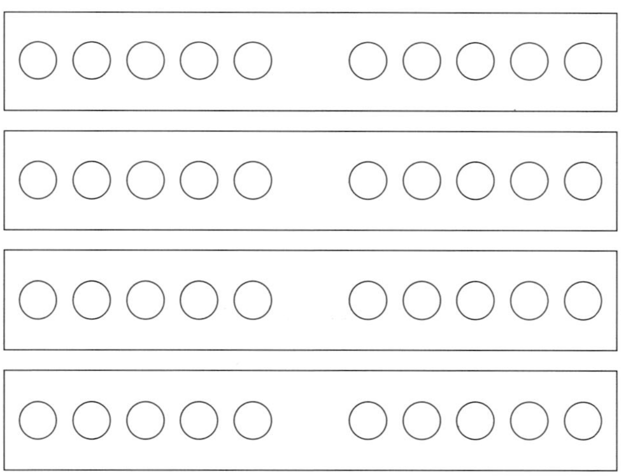

1 + 7 = ___

4 + 4 = ___

3 + 6 = ___

8 + 2 = ___

③ Erfinde selbst Plus-Aufgaben! Lege, male und rechne!

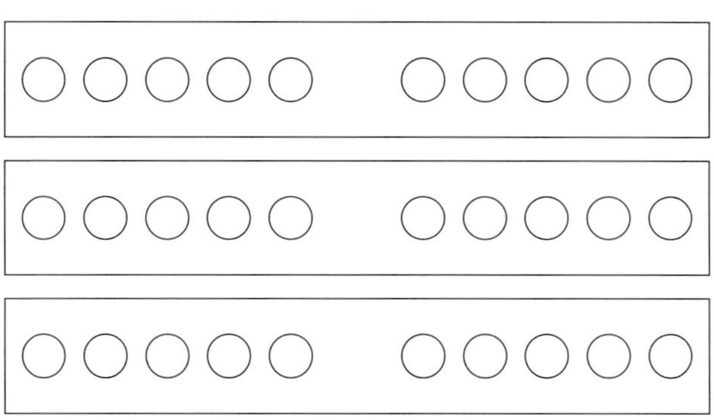

___ + ___ = ___

___ + ___ = ___

___ + ___ = ___

Name: Datum: **6**

Wir würfeln Plus-Aufgaben bis 10

① Wie heißt die Plus-Aufgabe? Schreibe auf und rechne!

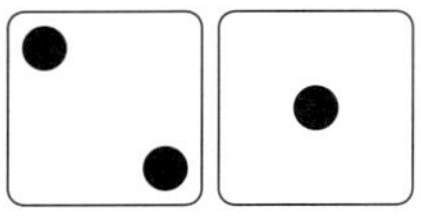

2 + 1 =

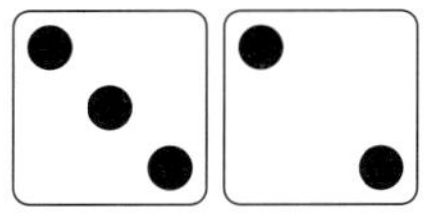

+ =

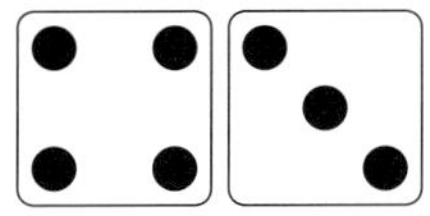

+ =

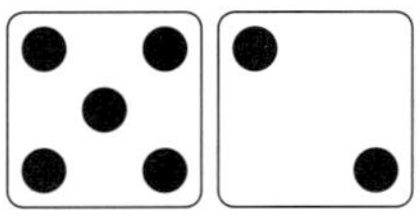

+ =

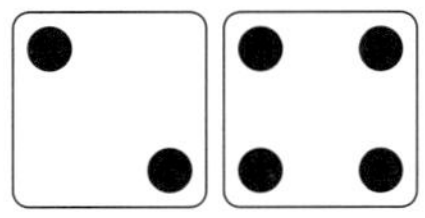

+ =

+ =

② Male die Würfelbilder auf und rechne!

5 + 1 =

6 + 2 =

3 + 5 =

6 + 3 =

2 + 2 =

1 + 4 =

③ Rechne!

2	+	5	=		
4	+	4	=		
1	+	8	=		
3	+	6	=		
2	+	2	=		

6	+	2	=		
4	+	3	=		
1	+	7	=		
3	+	5	=		
6	+	4	=		

Name: Datum: **6**

Wir würfeln bis 10

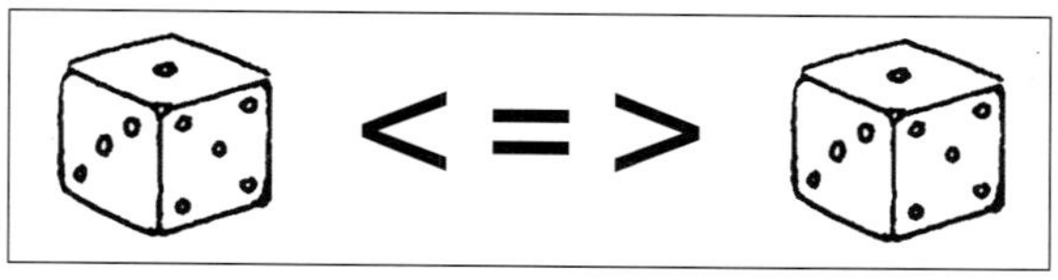

Name: ______ ______

Punkte				< = >				Punkte
○	+	=		○		=	+	○
○	+	=		○		=	+	○
○	+	=		○		=	+	○
○	+	=		○		=	+	○
○	+	=		○		=	+	○
○	+	=		○		=	+	○
○	+	=		○		=	+	○
○	+	=		○		=	+	○
○	+	=		○		=	+	○
○	+	=		○		=	+	○

Wer hat gewonnen? ☺

- Spielregel: Jeder würfelt mit zwei Würfeln und bildet daraus eine Plus-Aufgabe. Die Ergebnisse beider Plus-Aufgaben werden miteinander verglichen. Wer das größere Ergebnis hat, bekommt einen Punkt (Kreis an der Seite ankreuzen). Am Ende werden die Punkte (Kreuze) gezählt und als Strichzahl notiert. Wer die meisten Punkte hat, hat gewonnen.

Name: Datum:

Wir rechnen Minus-Aufgaben bis 10

- Schau genau und rechne!

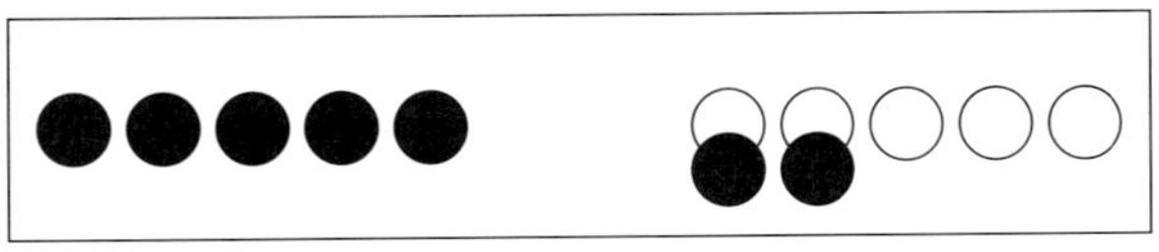

7 – 2 = 5

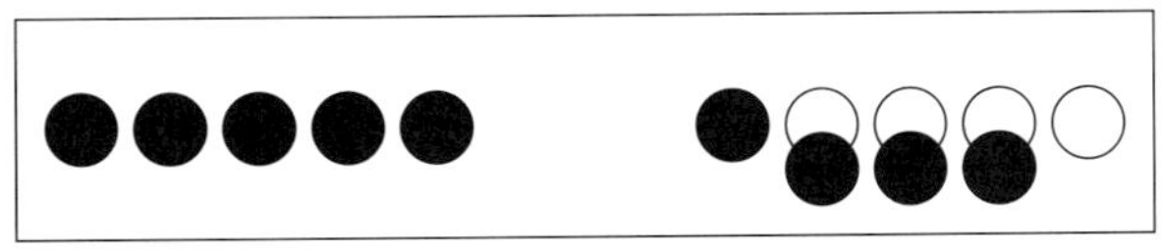

9 – 3 = ☐

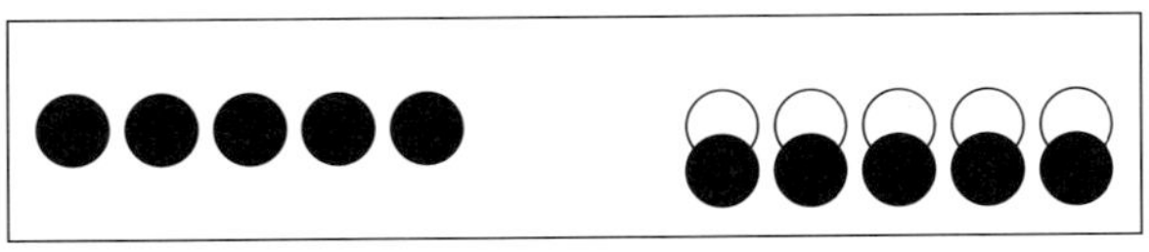

10 – 5 = ☐

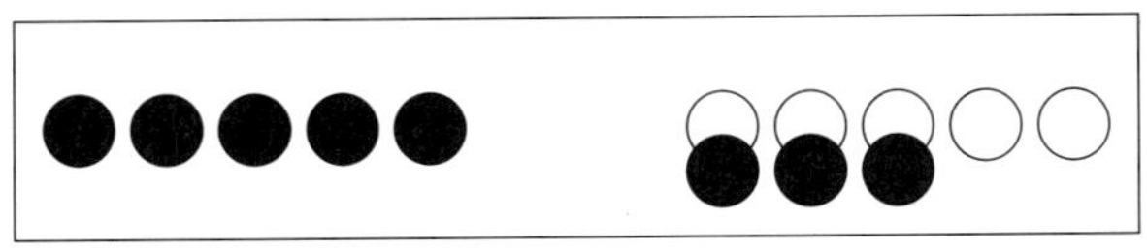

8 – 3 = ☐

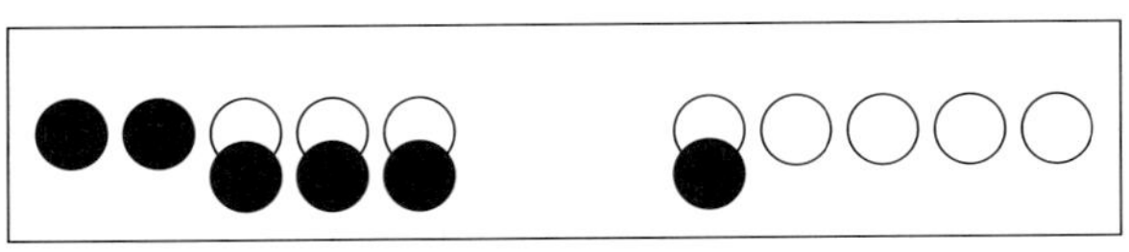

6 – 4 = ☐

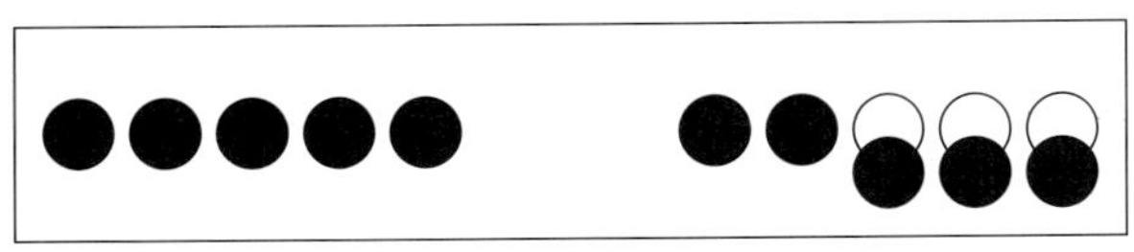

10 – 3 = ☐

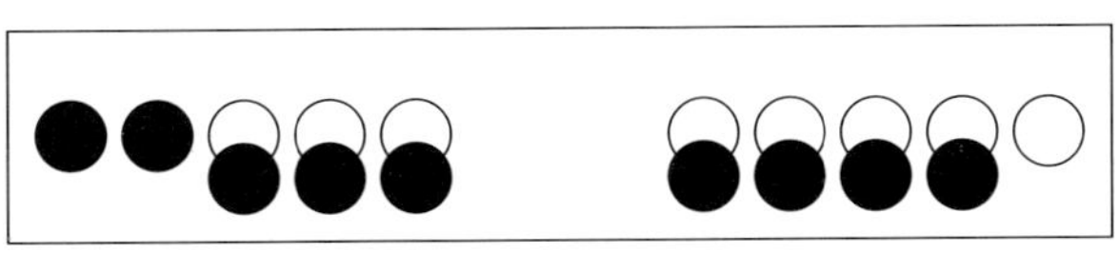

9 – 7 = ☐

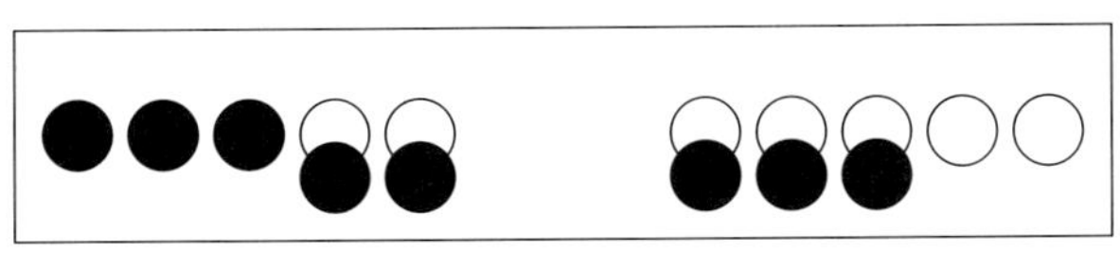

8 – 5 = ☐

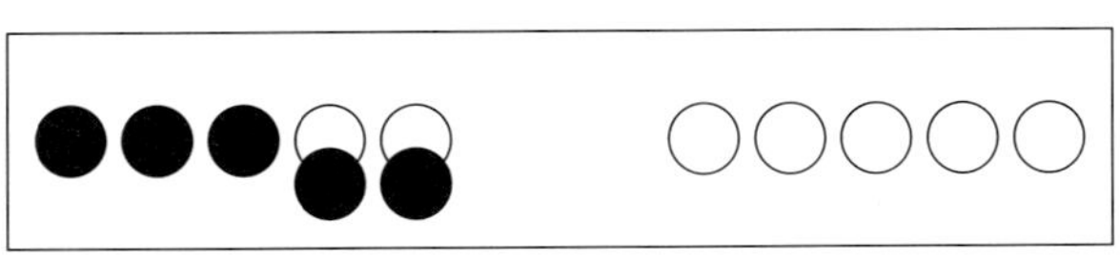

5 – 2 = ☐

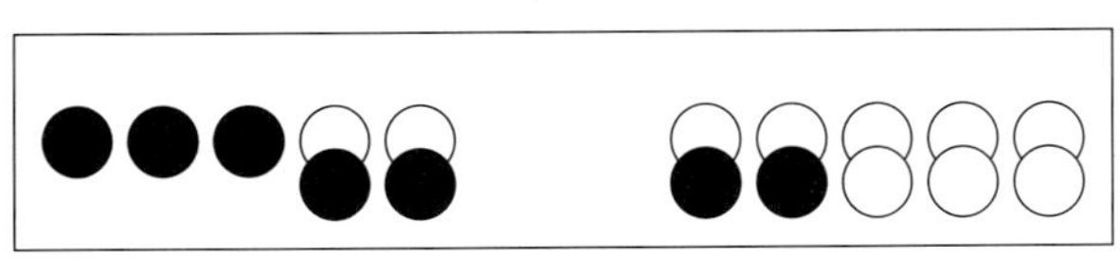

7 – 4 = ☐

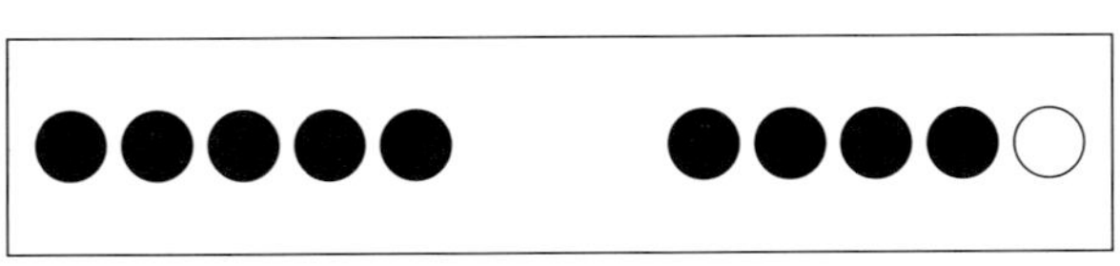

9 – 0 = ☐

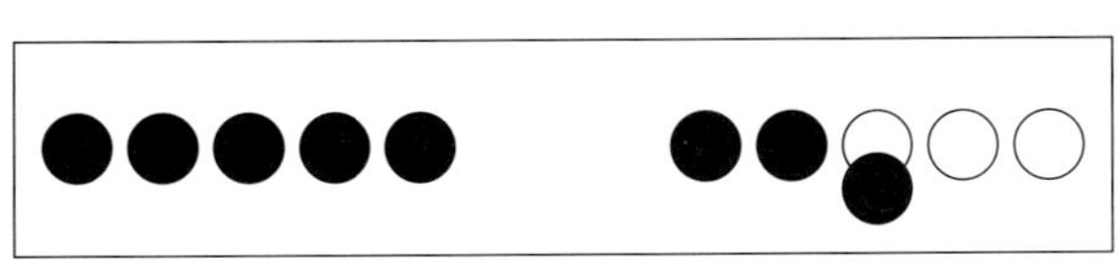

8 – 1 = ☐

Name: Datum:

Wir rechnen Minus-Aufgaben bis 10

① Rechne!

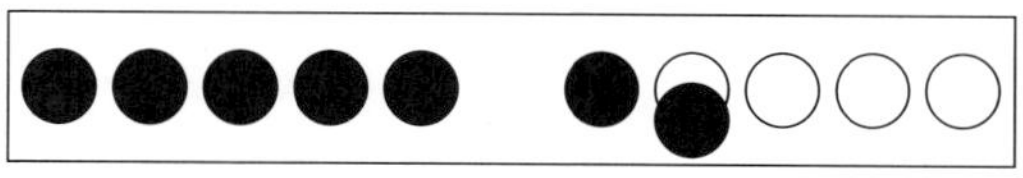 7 − 1 = ☐	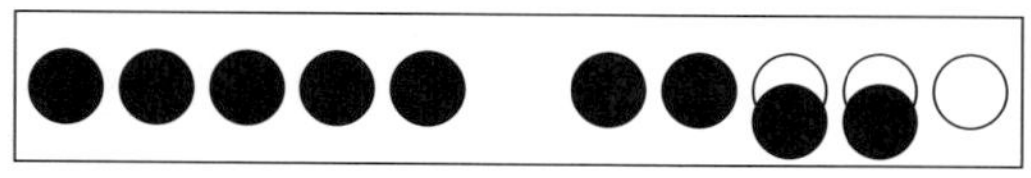 9 − 2 = ☐
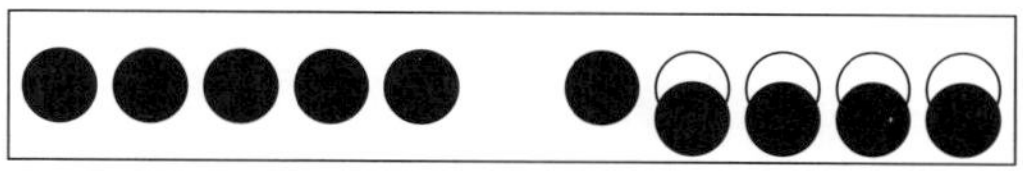 10 − 4 = ☐	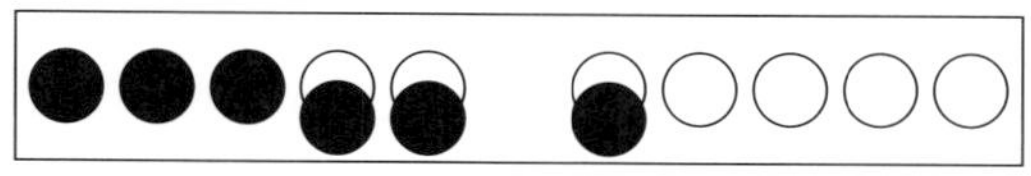 6 − 3 = ☐
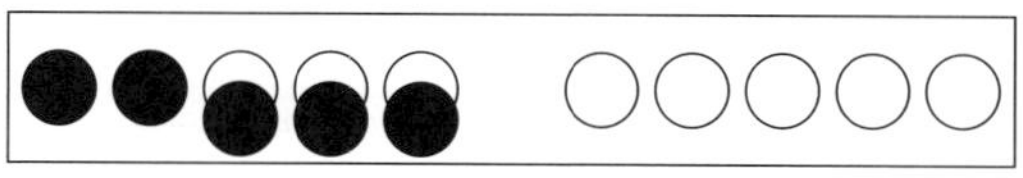 5 − 3 = ☐	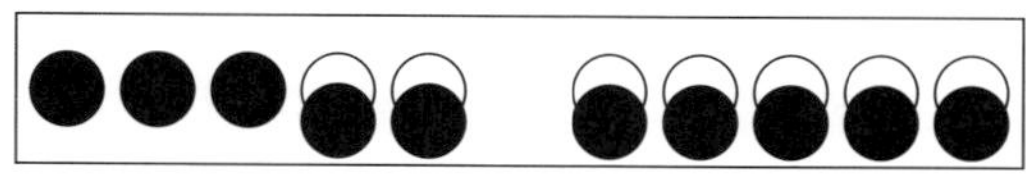 10 − 7 = ☐
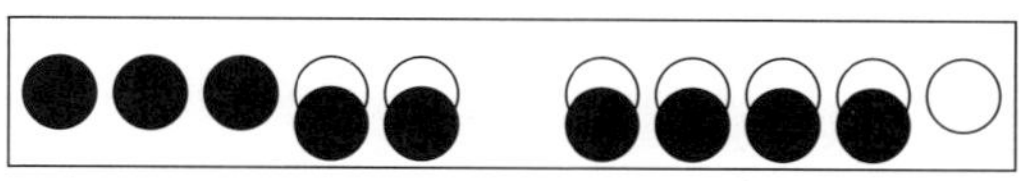 9 − 6 = ☐	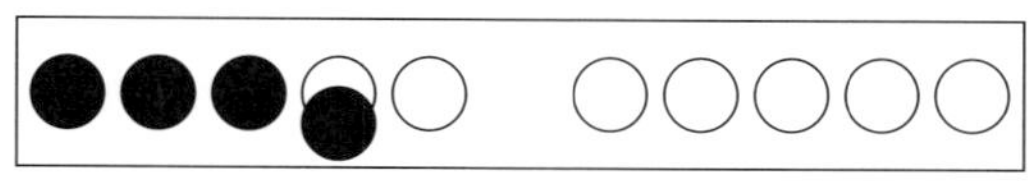 4 − 1 = ☐
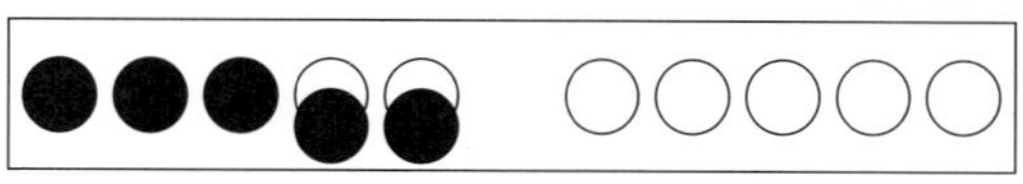 5 − 2 = ☐	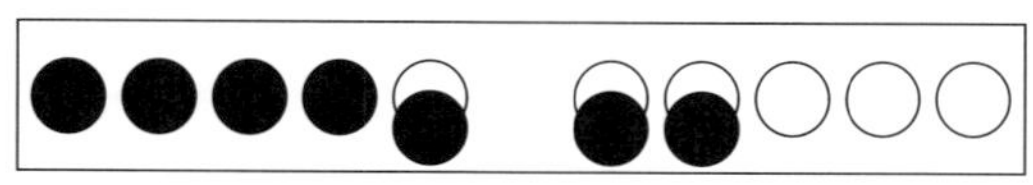 7 − 3 = ☐

② Lege mit Plättchen und rechne!

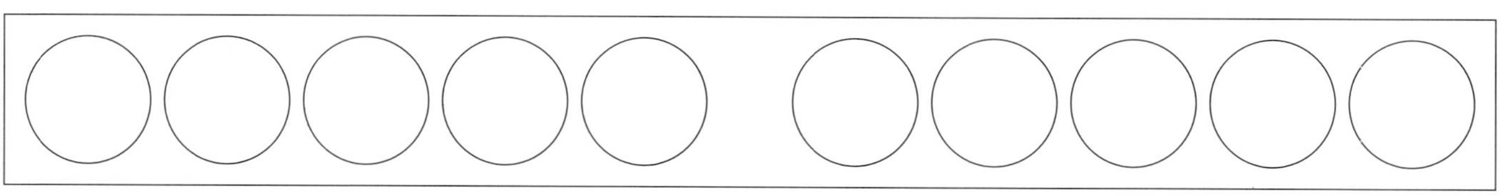

6	−	2	=	
9	−	5	=	
8	−	1	=	
4	−	2	=	
5	−	4	=	

7	−	6	=	
9	−	1	=	
4	−	3	=	
7	−	2	=	
9	−	9	=	

Name: Datum:

Minus-Aufgaben bis 10

① Lege mit deinen Plättchen!
Sprich: *Zuerst habe ich 5 Plättchen. Dann nehme ich 3 weg. Zuletzt bleiben 2 übrig.*
Schreibe die Aufgabe auf und rechne!

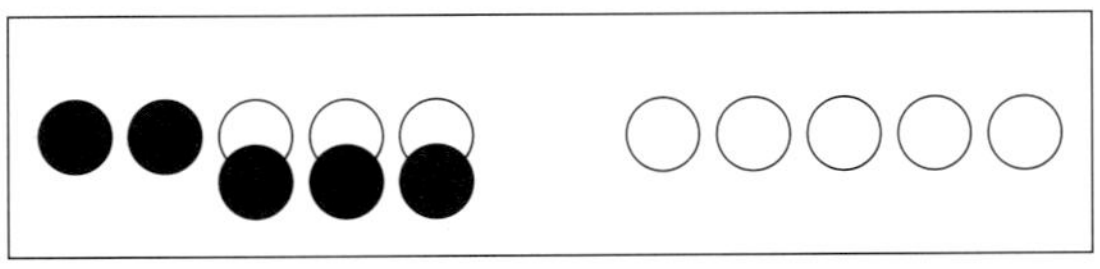

5	–	3	=	2

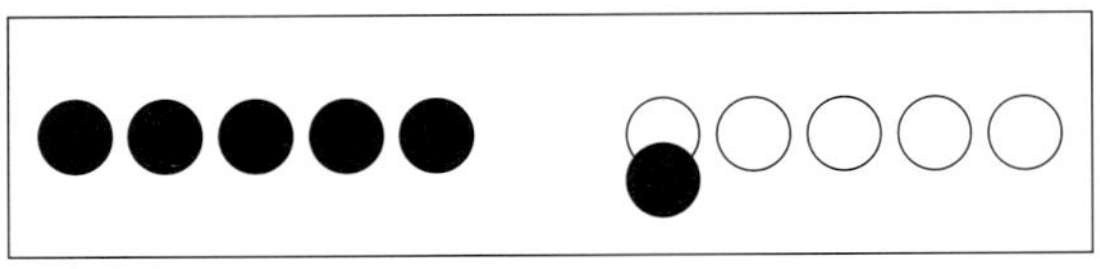

	–		=	

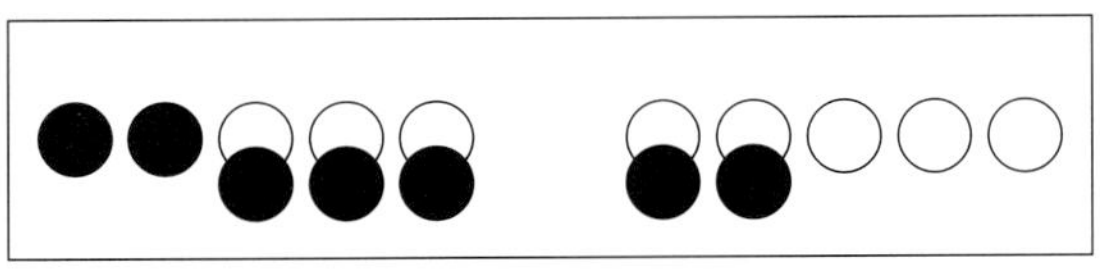

	–		=	

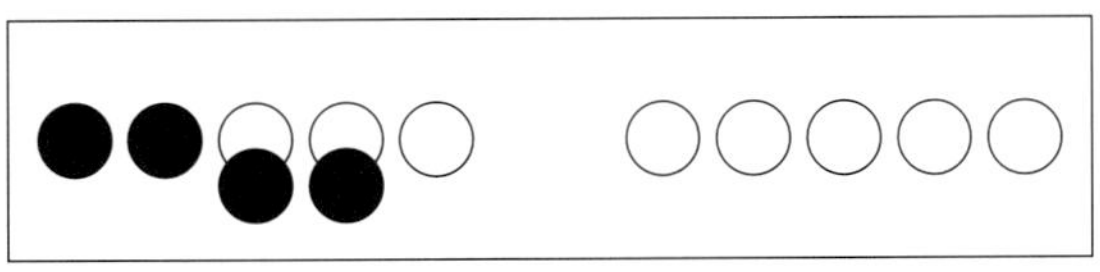

	–		=	

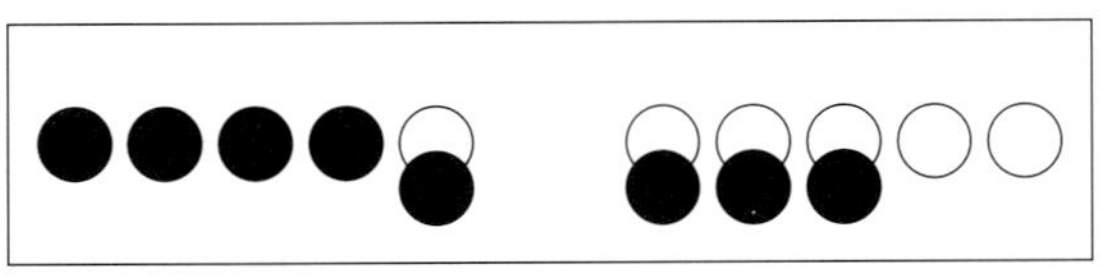

	–		=	

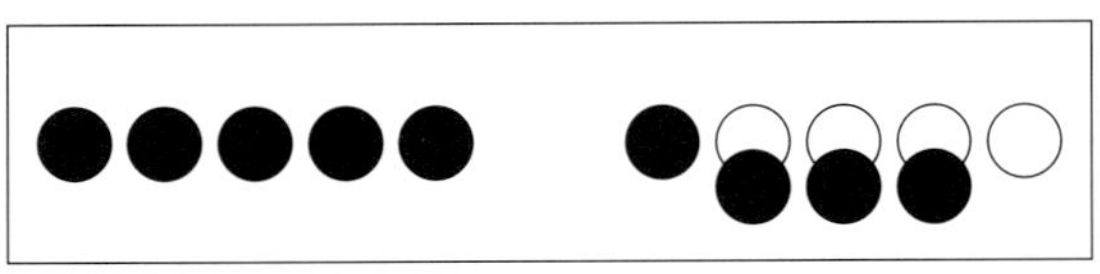

	–		=	

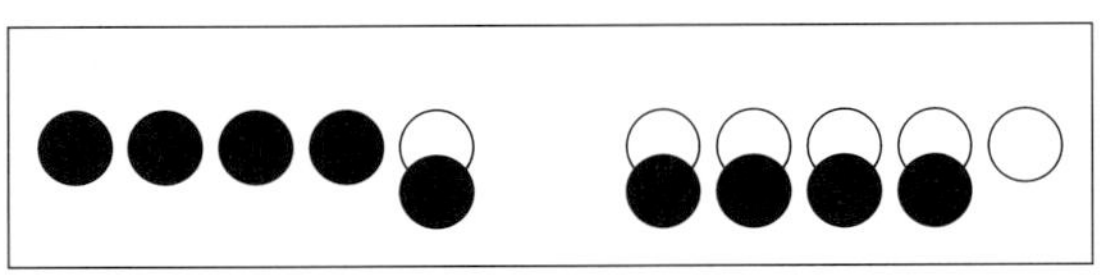

	–		=	

② Erfinde selbst Minus-Aufgaben! Lege und rechne!

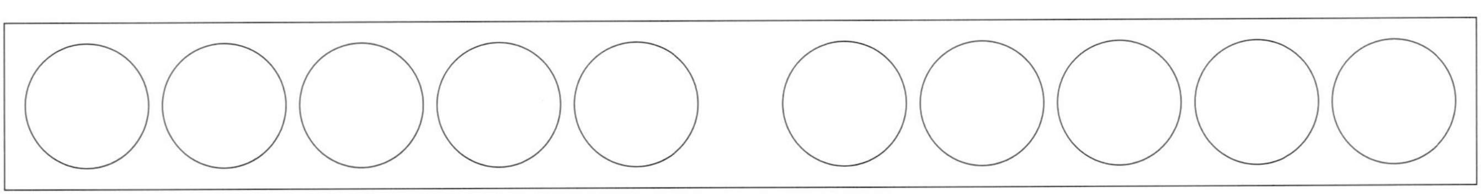

	–		=			–		=	
	–		=			–		=	
	–		=			–		=	
	–		=			–		=	

Minus-Aufgaben bis 10

① Lege mit deinen Plättchen!
Sprich: *Zuerst habe ich 7 Plättchen. Dann nehme ich 3 weg. Zuletzt bleiben 4 übrig.*
Schreibe die Aufgabe auf und rechne!

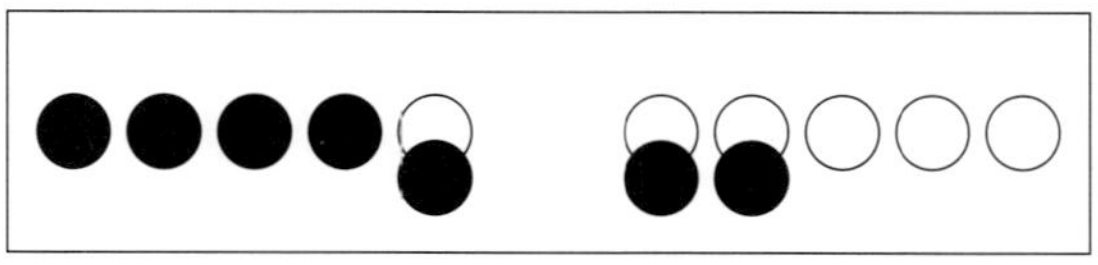

7	–	3	=	4

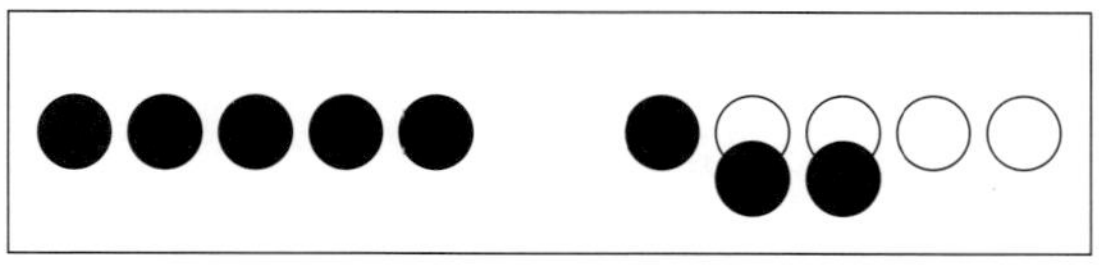

	–		=	

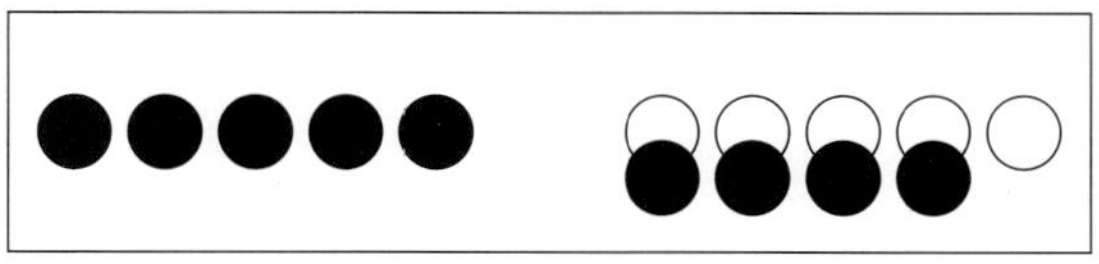

	–		=	

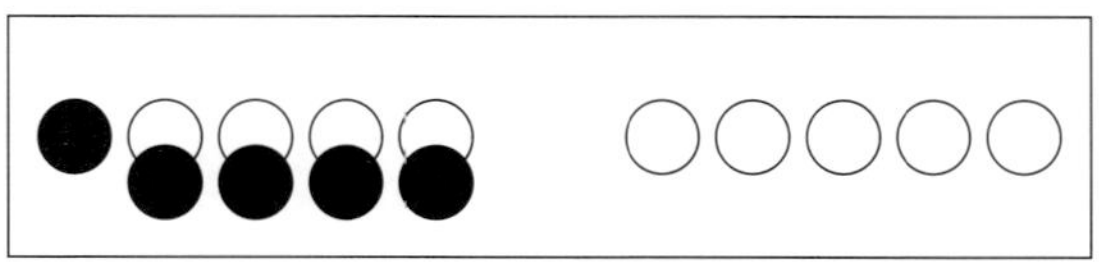

	–		=	

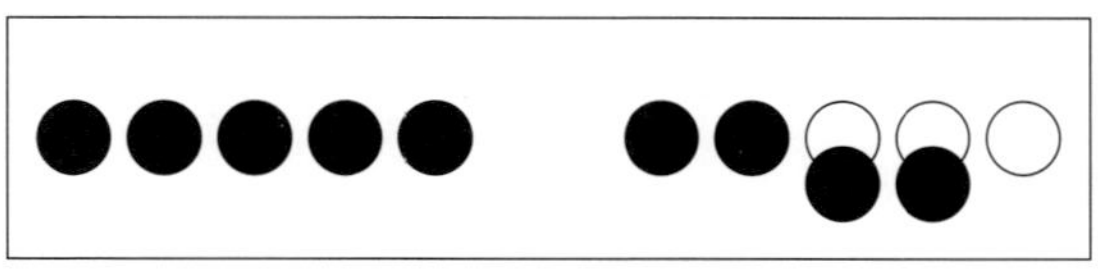

	–		=	

② Rechne!

6	–	5	=	
4	–	1	=	

9	–	5	=	
7	–	2	=	

③ Erfinde selbst Minus-Aufgaben! Lege und rechne!

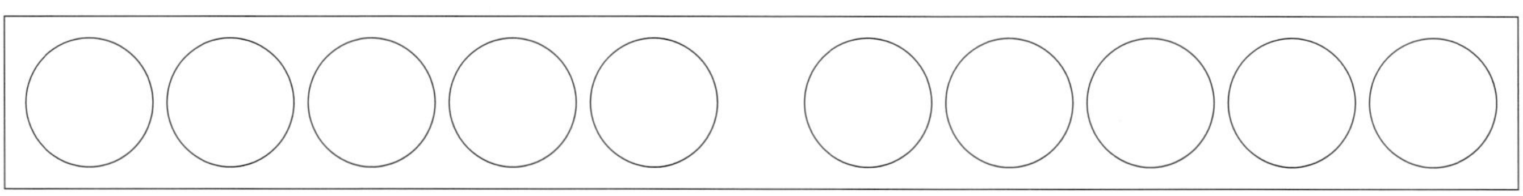

	–		=	
	–		=	
	–		=	

	–		=	
	–		=	
	–		=	

Name: Datum: **7**

Minus-Aufgaben bis 10

- Lege mit deinen Plättchen!
  Sprich: *Zuerst habe ich 7 Plättchen. Dann nehme ich 4 weg. Zuletzt bleiben 3 übrig.*
  Schreibe die Aufgabe auf und rechne!

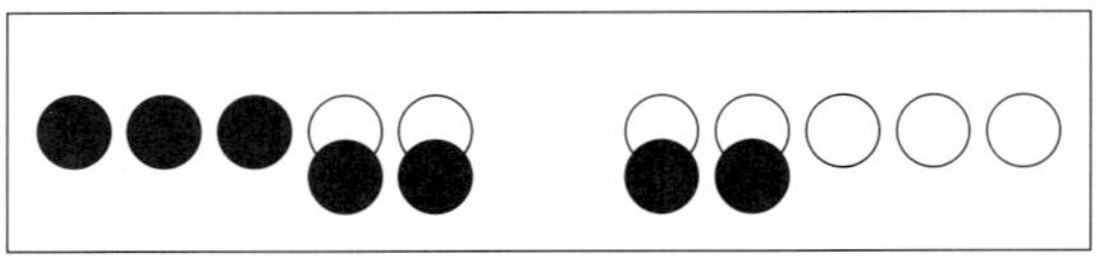

7	−	4	=	3

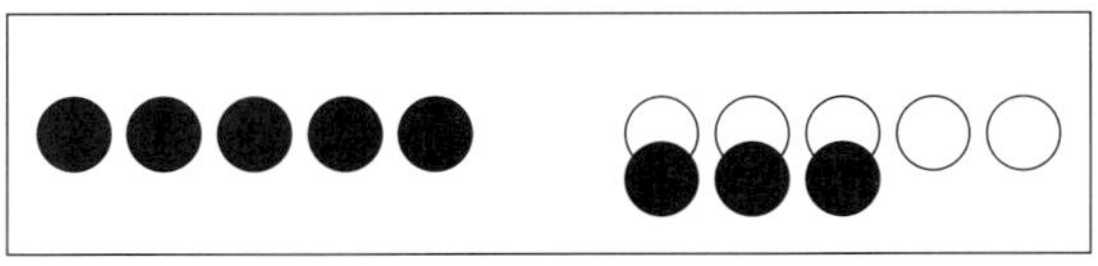

	−		=	

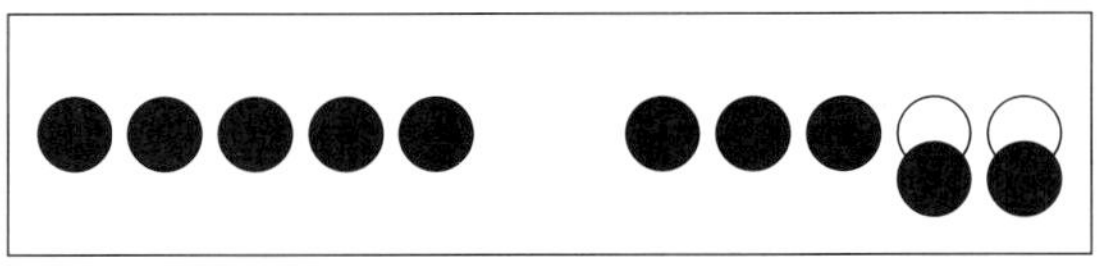

	−		=	

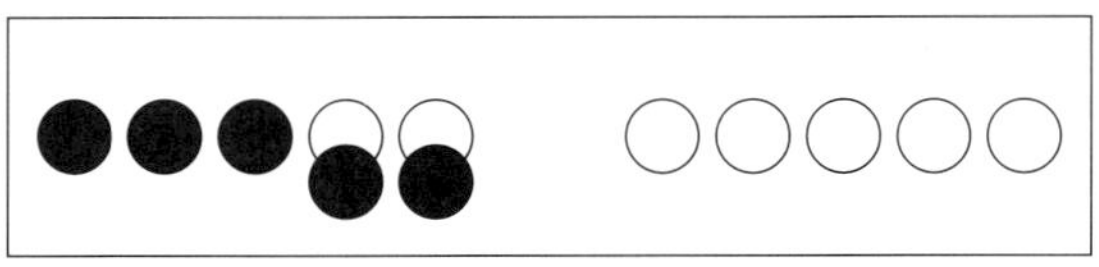

	−		=	

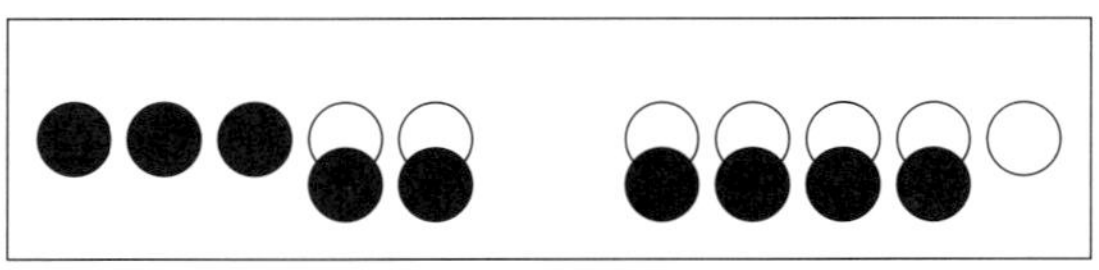

	−		=	

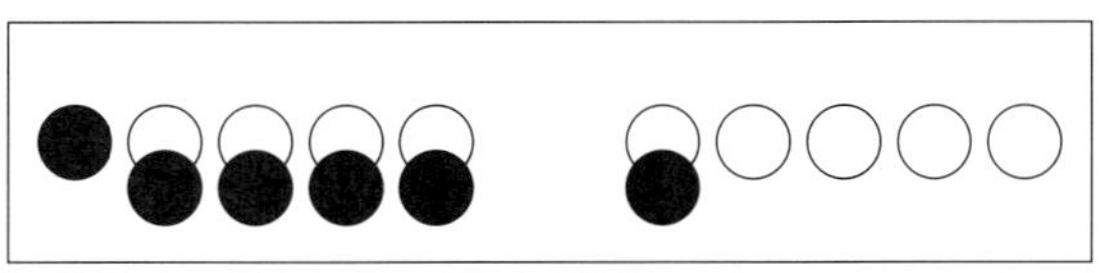

	−		=	

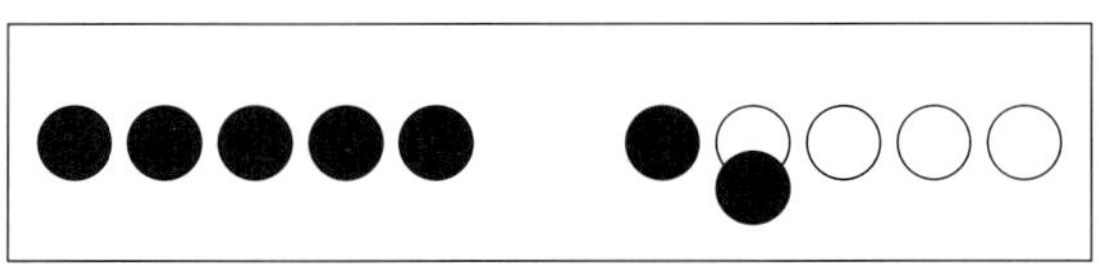

	−		=	

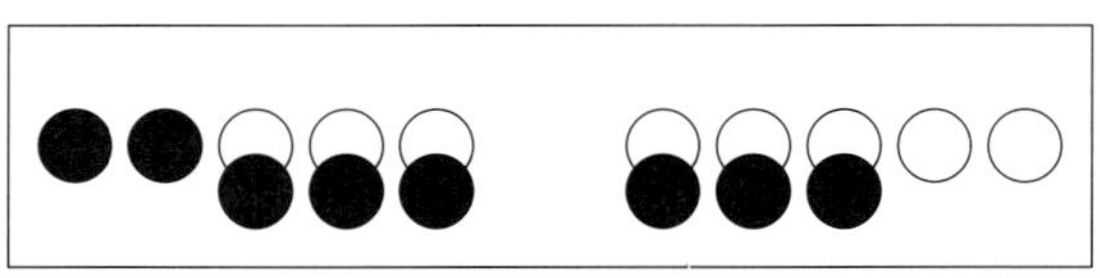

	−		=	

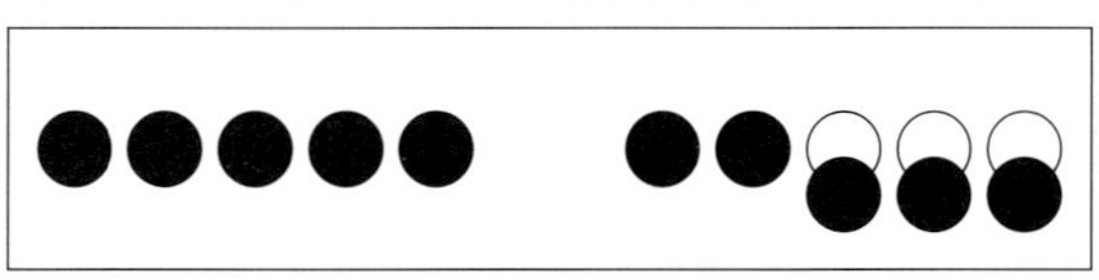

	−		=	

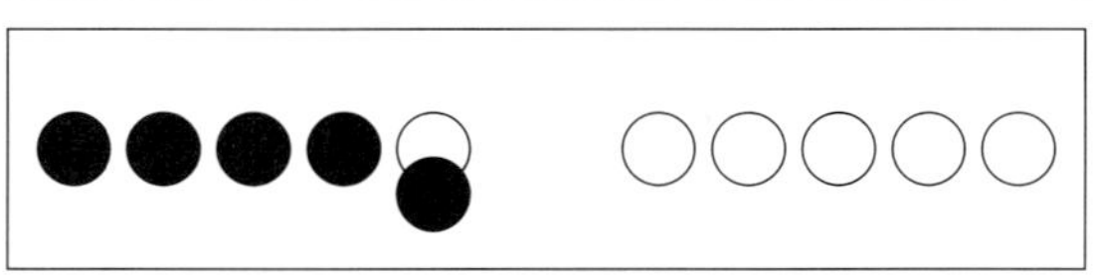

	−		=	

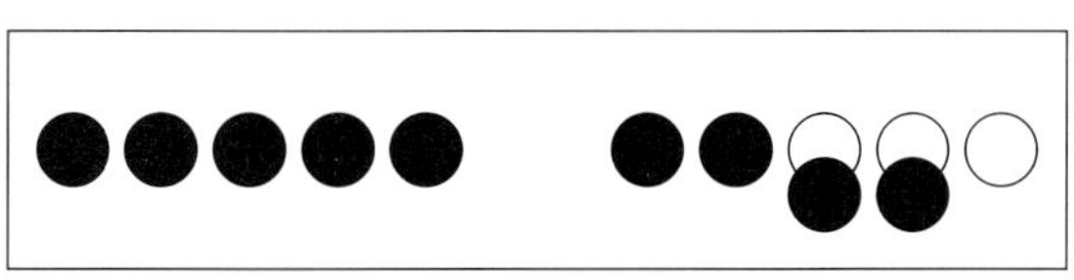

	−		=	

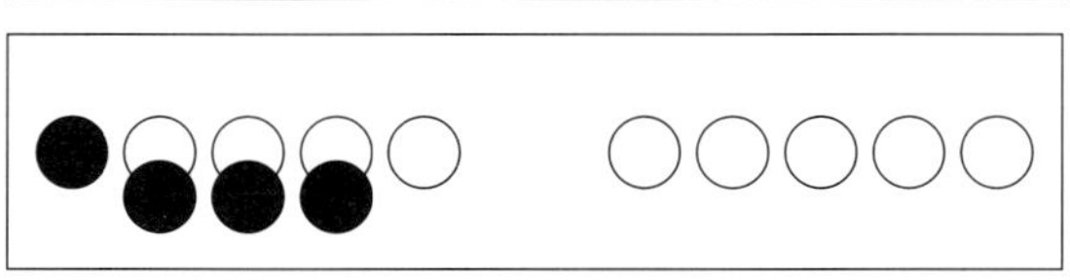

	−		=	

P. Schön/A. Pogoda Saam: Den Zahlenraum bis 10 aktiv entdecken

Name: Datum:

Plus- und Minus-Aufgaben bis 10

① Wie heißt die Plus-Aufgabe? Schreibe auf und rechne!

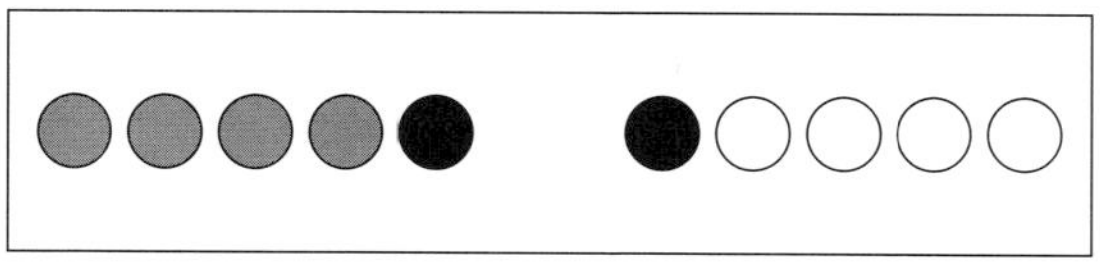

4	+	2	=	6

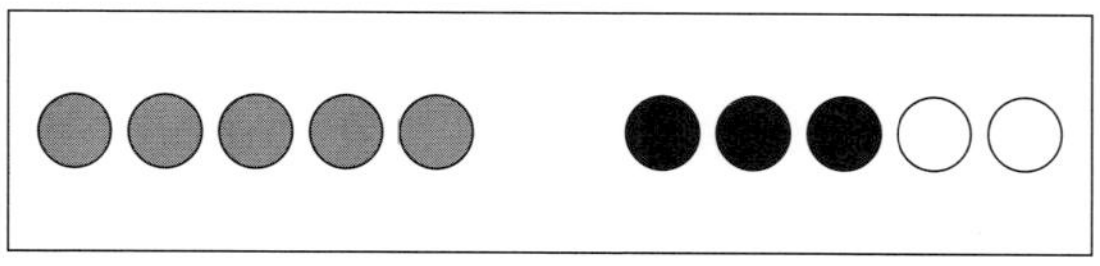

	+		=	

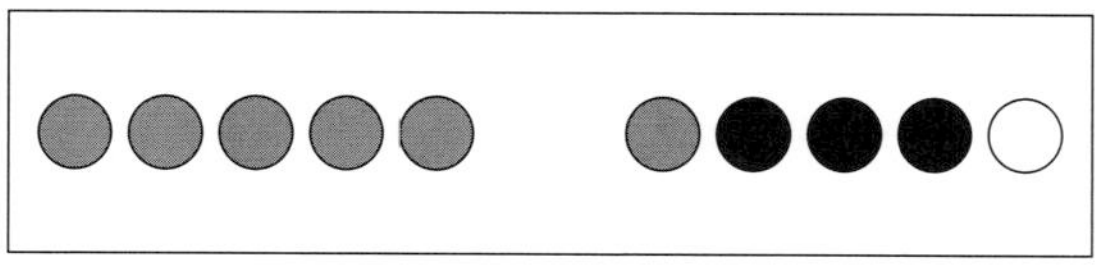

	+		=	

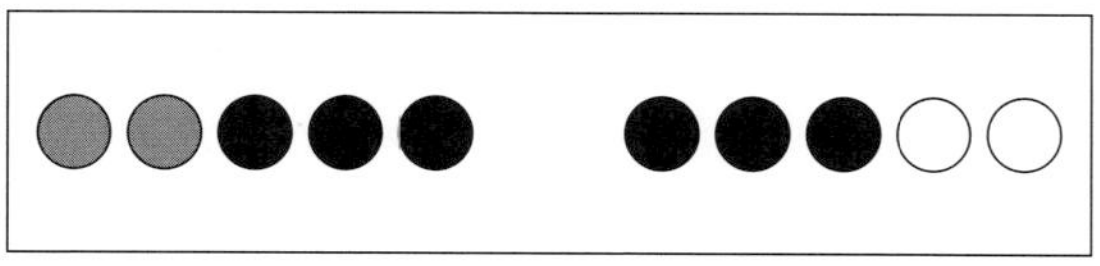

	+		=	

② Erfinde selbst Plus-Aufgaben! Lege, male und rechne!

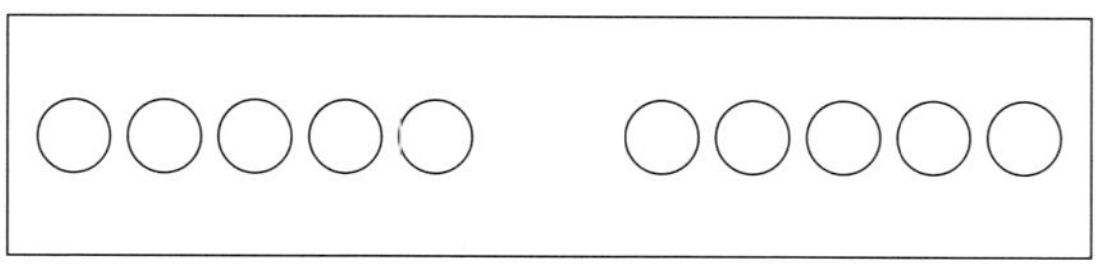

	+		=	

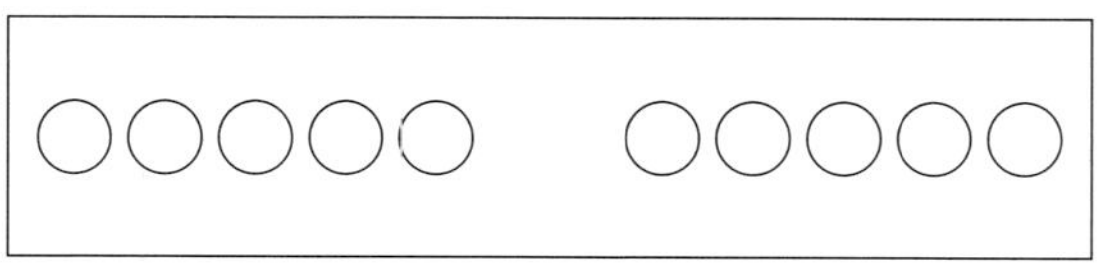

	+		=	

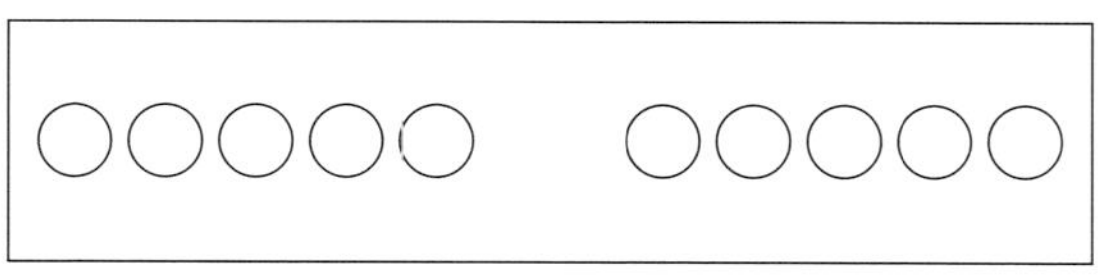

	+		=	

③ Wie heißt die Minus-Aufgabe? Schreibe auf und rechne!

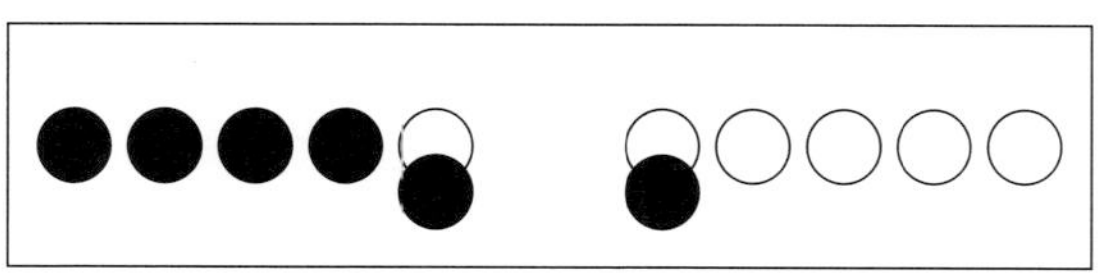

6	−	2	=	

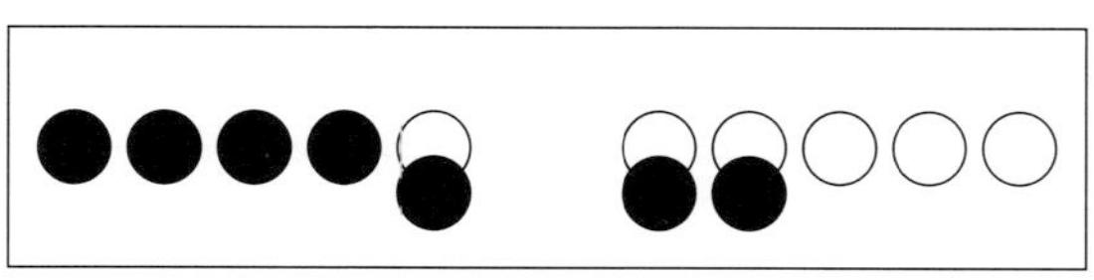

	−		=	

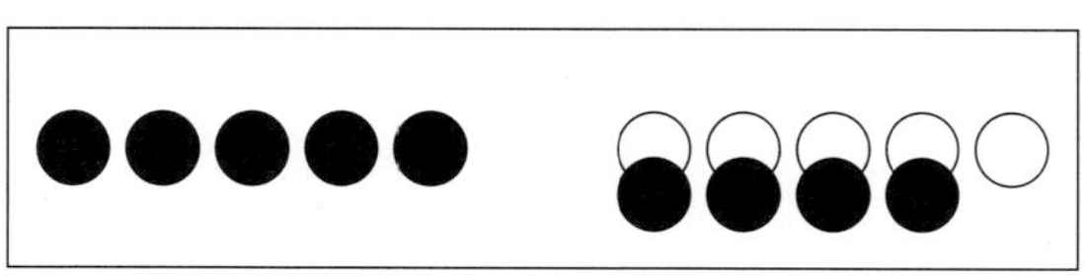

	−		=	

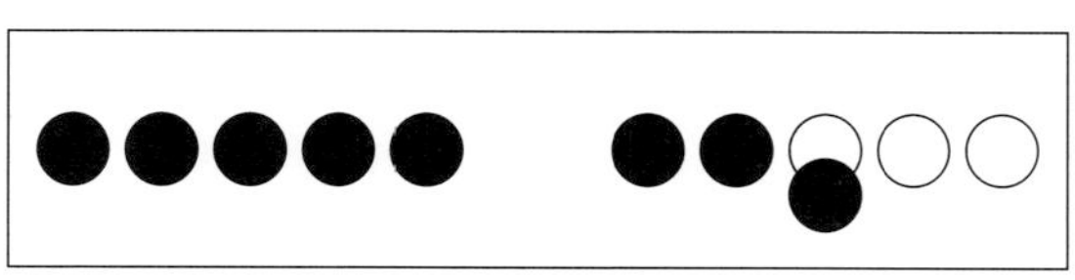

	−		=	

Name: Datum:

Plus- und Minus-Aufgaben bis 10

① Wie heißt die Plus-Aufgabe? Schreibe auf und rechne!

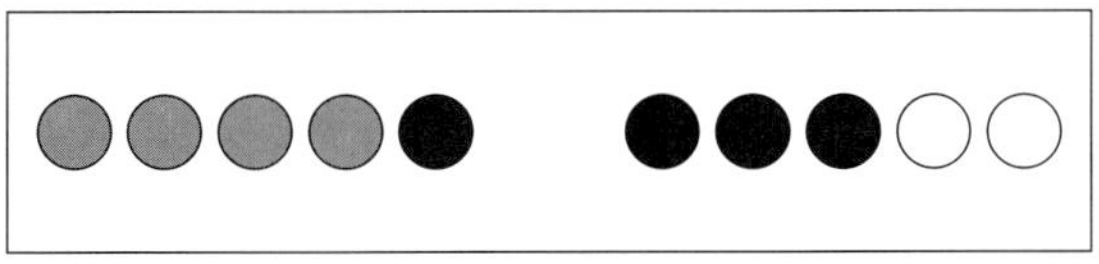

	+		=	

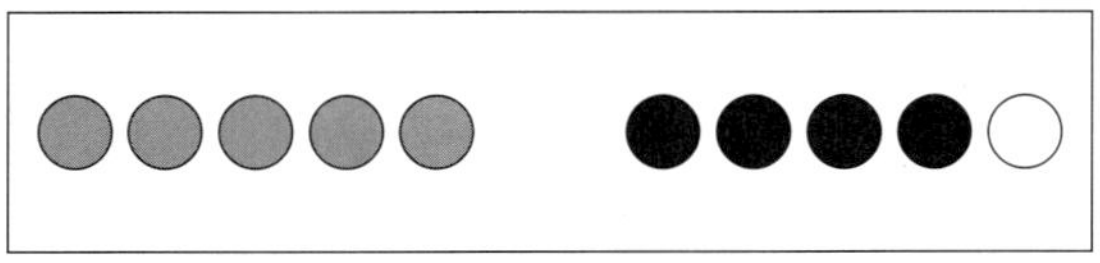

	+		=	

② Erfinde selbst Plus-Aufgaben! Lege, male und rechne!

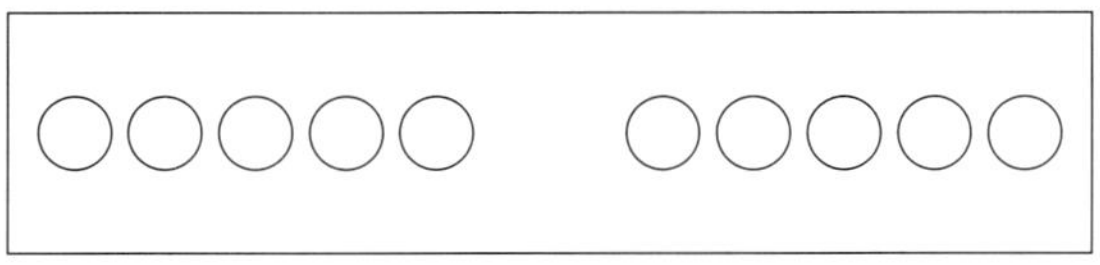

	+		=	

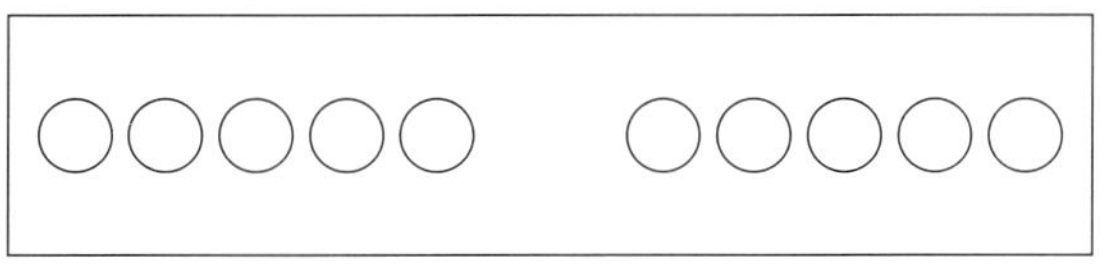

	+		=	

③ Wie heißt die Minus-Aufgabe? Schreibe auf und rechne!

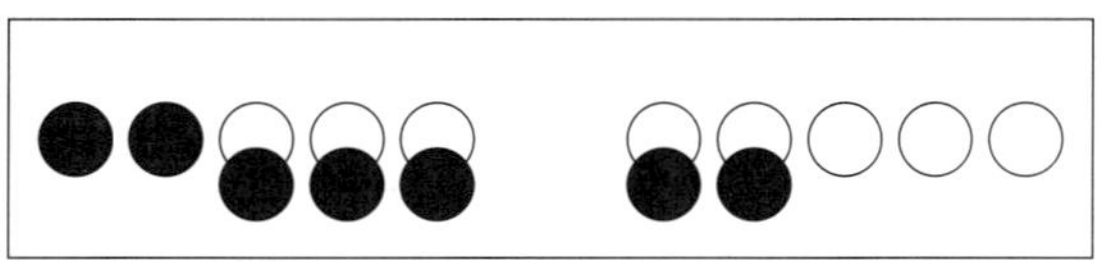

	–		=	

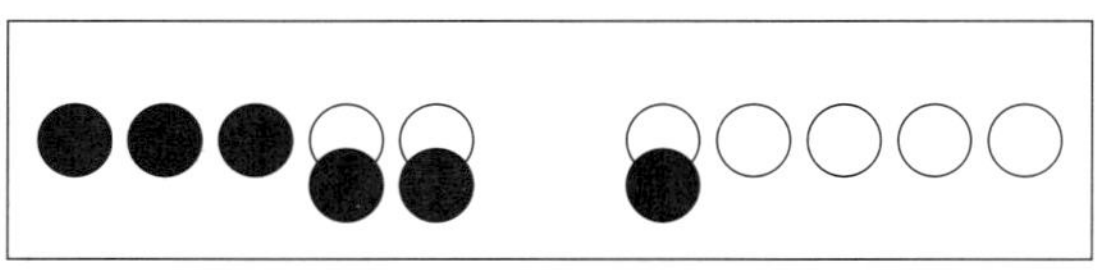

	–		=	

④ Erfinde selbst Minus-Aufgaben! Lege und rechne!

	–		=	
	–		=	

	–		=	
	–		=	

⑤ Rechne!

2	+	3	=	
9	–	2	=	

4	+	2	=	
7	–	3	=	

P. Schön/A. Pogoda Saam: Den Zahlenraum bis 10 aktiv entdecken

Name: Datum:

Plus- und Minus-Aufgaben bis 10

① Wie heißt die Plus-Aufgabe? Schreibe auf und rechne!

	5	+	3	=				+		=	
		+		=				+		=	
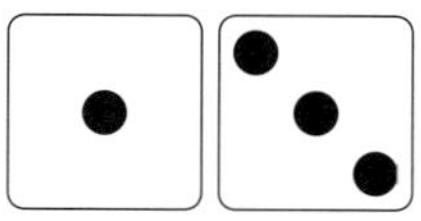		+		=				+		=	

② Rechne die Plus-Aufgaben aus und vergleiche: < = > !

					○					
6	+	3	=		○		=	7	+	2
2	+	5	=		○		=	3	+	4
1	+	6	=		○		=	5	+	3
2	+	2	=		○		=	4	+	1
1	+	2	=		○		=	2	+	1
7	+	2	=		○		=	9	+	1
5	+	5	=		○		=	4	+	4
3	+	7	=		○		=	2	+	8

③ (+) oder (−)? Trage richtig ein!

4	○	2	=	6	9	○	0	=	9
5	○	3	=	2	7	○	2	=	5
4	○	4	=	0	3	○	5	=	8
4	○	4	=	8	6	○	1	=	5

Name: Datum:

Wir rechnen Tauschaufgaben bis 10

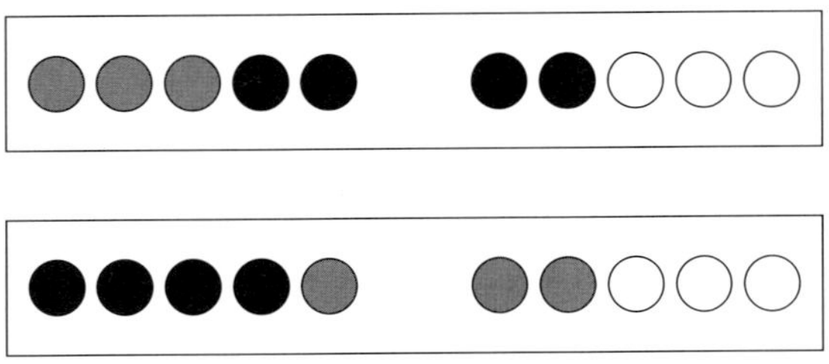

3	+	4	=	7
4	+	3	=	7

① Wie heißt die Plus-Aufgabe und die dazugehörige Tauschaufgabe?
Schreibe auf und rechne!

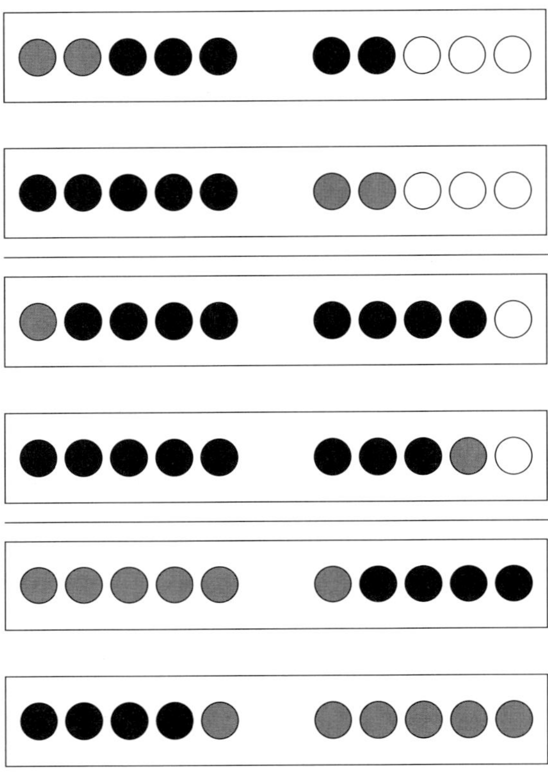

	+		=	
	+		=	
	+		=	
	+		=	
	+		=	
	+		=	

② Erfinde selbst Aufgaben! Lege und male!

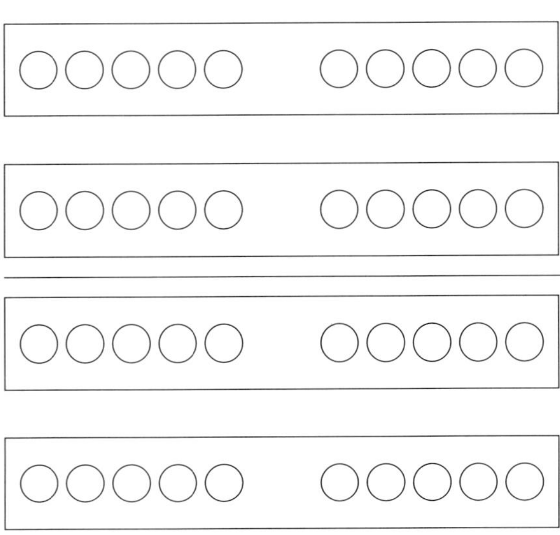

	+		=	
	+		=	
	+		=	
	+		=	

P. Schön/A. Pogoda Saam: Den Zahlenraum bis 10 aktiv entdecken

Name: Datum:

Tauschaufgaben bis 10

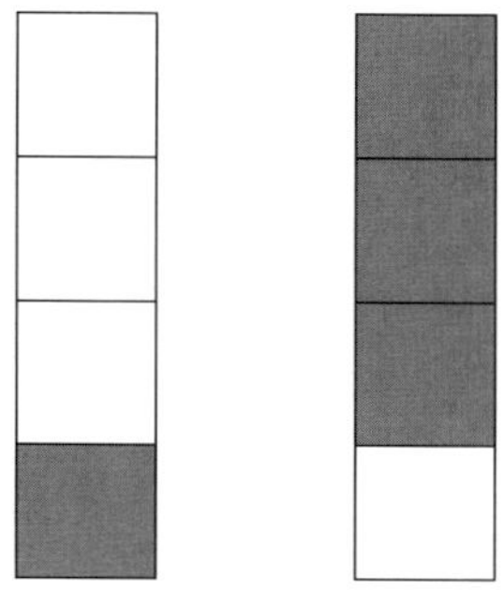

1 + 3 = 4

3 + 1 = 4

① Bilde die Tauschaufgabe und rechne!

2 + 6 =
__ + __ = __

1 + 8 =
__ + __ = __

4 + 5 =
__ + __ = __

2 + 7 =
__ + __ = __

3 + 6 =
__ + __ = __

3 + 5 =
__ + __ = __

② Immer 2 Aufgaben gehören zusammen! Schreibe auf und rechne!

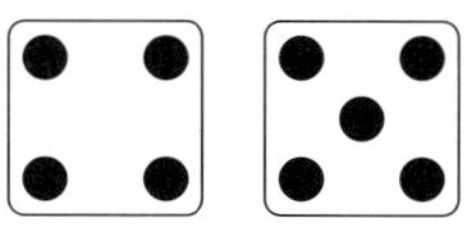

4 + 5 =
5 + __ =

__ + __ =
__ + __ =

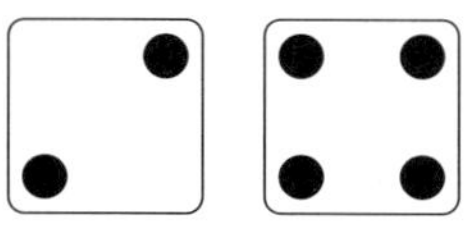

__ + __ =
__ + __ =

③ Verbinde die Plus-Aufgabe mit der passenden Tauschaufgabe und rechne!

2 + 6 =	5 + 1 =
3 + 5 =	2 + 4 =
1 + 5 =	5 + 3 =
4 + 2 =	6 + 2 =

Name: Datum:

Tauschaufgaben bis 10

- Rechne!

7 + 2 =	⤡	+ =
4 + 3 =	⤡	+ =
7 + 3 =	⤡	+ =
2 + 8 =	⤡	+ =
1 + 7 =	⤡	+ =
3 + 6 =	⤡	+ =
3 + 2 =	⤡	+ =
4 + 5 =	⤡	+ =
2 + 6 =	⤡	+ =
6 + 4 =	⤡	+ =
5 + 5 =	⤡	+ =
6 + 0 =	⤡	+ =
5 + 3 =	⤡	+ =

P. Schön/A. Pogoda Saam: Den Zahlenraum bis 10 aktiv entdecken

Rechentürme bis 10

- Wie gehen die Rechentürme weiter? Rechne aus!

+ 0

0+0=
1+0=
2+0=
3+0=
4+0=
5+0=
6+0=
7+0=
8+0=
9+0=
10+0=

+ 1

0+1=
1+1=
2+1=
3+1=
+ =
+ =
+ =
+ =
+ =
+ =

+ 2

0+2=
1+2=
2+2=
+ =
+ =
+ =
+ =
+ =
+ =

+ 3

0+3=
1+3=
+ =
+ =
+ =
+ =
+ =
+ =

+ 4

0+4=
+ =
+ =
+ =
+ =
+ =
+ =

+ 5

0+5=
+ =
+ =
+ =
+ =
+ =

+ 6

0+6=
+ =
+ =
+ =
+ =

+ 7

0+7=
+ =
+ =
+ =

+ 8

0+8=
+ =
+ =

+ 9

0+9=
+ =

Rechentürme bis 10

- Wie gehen die Rechentürme weiter? Rechne aus!

− 0	− 1	− 2	− 3	− 4	− 5	− 6	− 7	− 8	− 9
0 − 0 =									
1 − 0 =	1 − 1 =								
2 − 0 =	2 − 1 =	2 − 2 =							
3 − 0 =	3 − 1 =	3 − 2 =	3 − 3 =						
4 − 0 =	− =	− =	4 − 3 =	4 − 4 =					
5 − 0 =	− =	− =	− =	5 − 4 =	5 − 5 =				
6 − 0 =	− =	− =	− =	− =	6 − 5 =	6 − 6 =			
7 − 0 =	− =	− =	− =	− =	− =	7 − 6 =	7 − 7 =		
8 − 0 =	− =	− =	− =	− =	− =	− =	8 − 7 =	8 − 8 =	
9 − 0 =	− =	− =	− =	− =	− =	− =	− =	9 − 8 =	9 − 9 =
10 − 0 =	− =	− =	− =	− =	− =	− =	− =	− =	10 − 9 =

Name: Datum:

Wie heißen die Nachbaraufgaben?

- Schau dir die Rechentürme an und finde die passenden Nachbaraufgaben!

	2 + 4 = 6	
3 + 3 = 6	3 + 4 = 7	3 + 5 = 8
	4 + 4 = 8	

	+ =			+ =	
+ =	3 + 2 =	+ =	+ =	2 + 6 =	+ =
	+ =			+ =	
	+ =			+ =	
+ =	5 + 1 =	+ =	+ =	1 + 7 =	+ =
	+ =			+ =	
	+ =			+ =	
+ =	3 + 3 =	+ =	+ =	2 + 4 =	+ =
	+ =			+ =	
	+ =			+ =	
+ =	5 + 2 =	+ =	+ =	8 + 1 =	+ =
	+ =			+ =	
	+ =			+ =	
+ =	3 + 6 =	+ =	+ =	6 + 2 =	+ =
	+ =			+ =	
	+ =			+ =	
+ =	1 + 1 =	+ =	+ =	5 + 3 =	+ =
	+ =			+ =	

Nachbaraufgaben

- Schau dir die Rechentürme an und finde selbst Nachbaraufgaben!

	+ =	
+ =	+ =	+ =
	+ =	

	+ =	
+ =	+ =	+ =
	+ =	

	+ =	
+ =	+ =	+ =
	+ =	

	+ =	
+ =	+ =	+ =
	+ =	

	+ =	
+ =	+ =	+ =
	+ =	

Fritz Umgekehrt macht alles umgekehrt

- Wie heißt die Plus- und Umkehraufgabe? Schreibe auf und rechne!

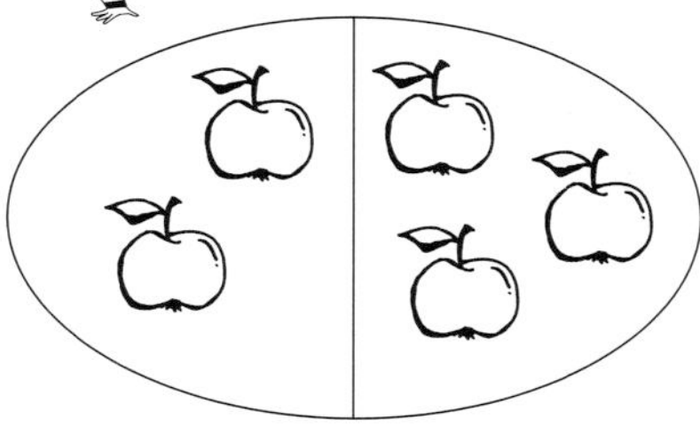 5 | 5 

2 + 3 = 5 ↶ 5 − 3 = 2

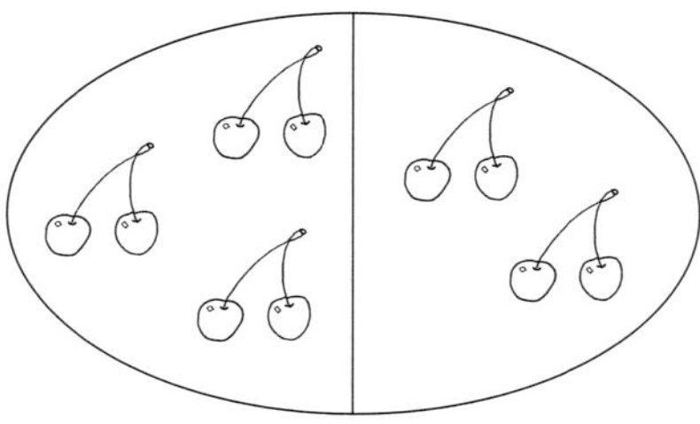 ☐ | ☐ 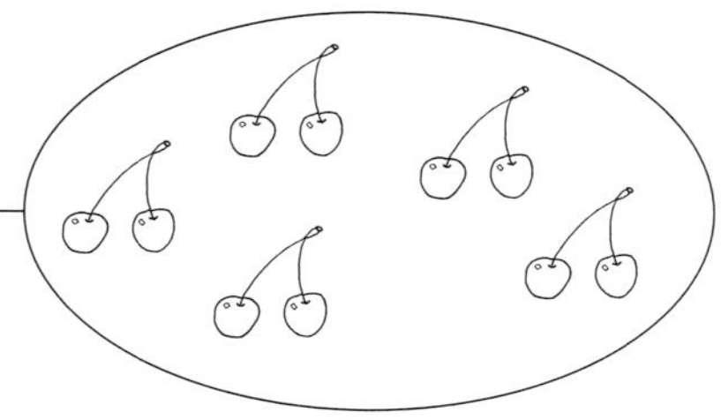

☐ + ☐ = ☐ ↶ ☐ − ☐ = ☐

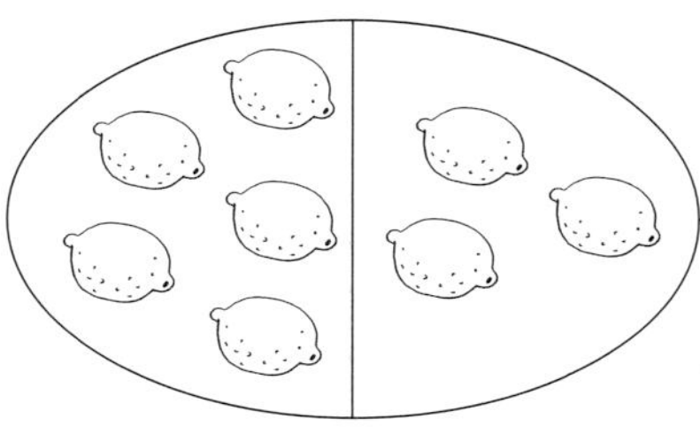 ☐ | ☐ 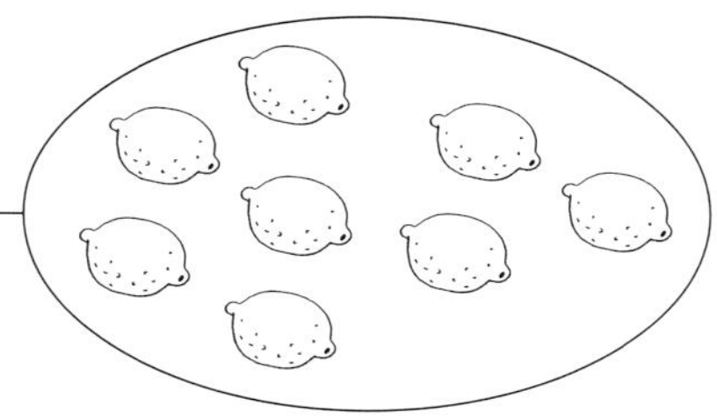

☐ + ☐ = ☐ ↶ ☐ − ☐ = ☐

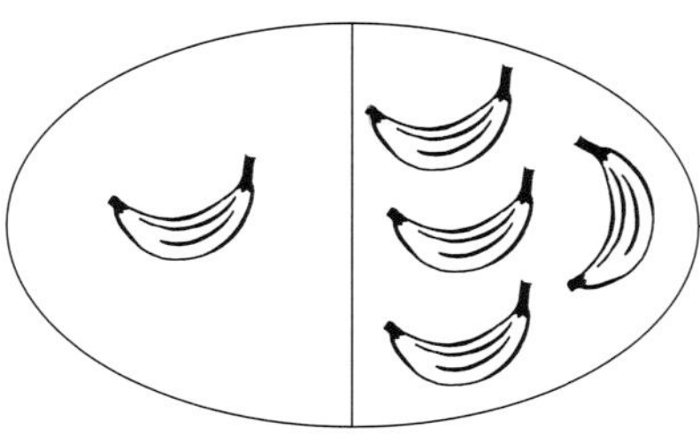 ☐ | ☐ 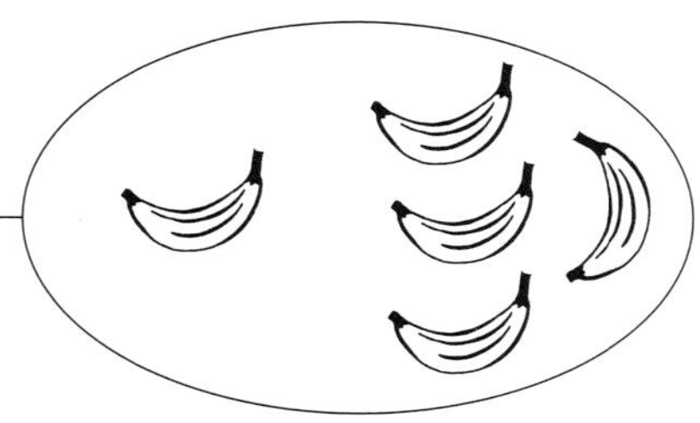

☐ + ☐ = ☐ ↶ ☐ − ☐ = ☐

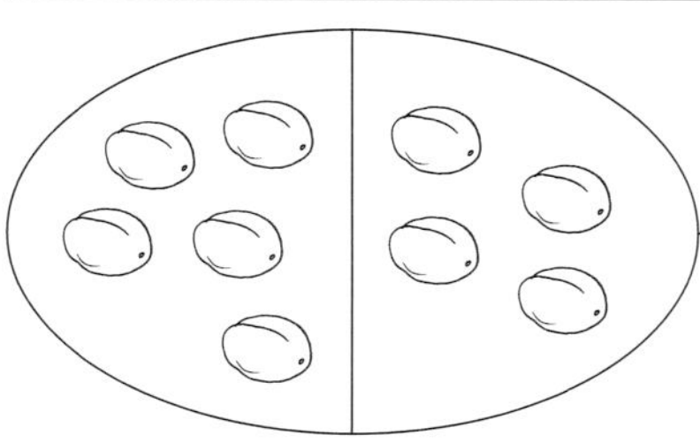 ☐ | ☐ 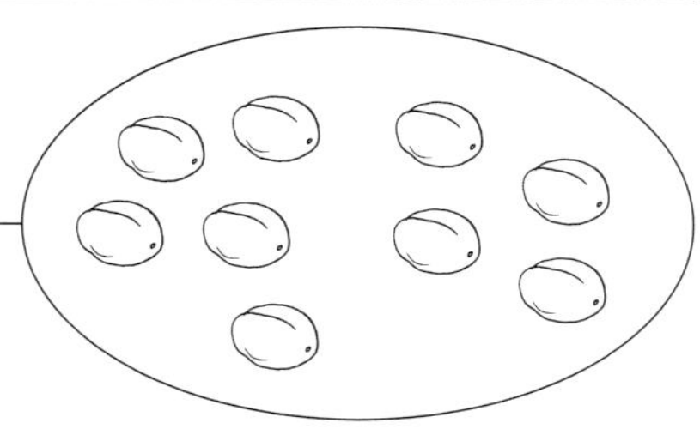

☐ + ☐ = ☐ ↶ ☐ − ☐ = ☐

Name: Datum: **11**

Fritz Umgekehrt macht alles umgekehrt

- Schreibe die Plus- und Umkehraufgabe auf und rechne sie aus!

3 + 4 = □

7 − 4 = □

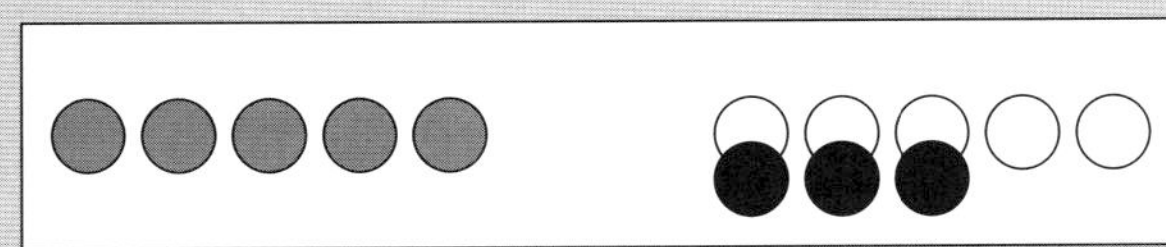

5 + 3 = □

□ − □ = □

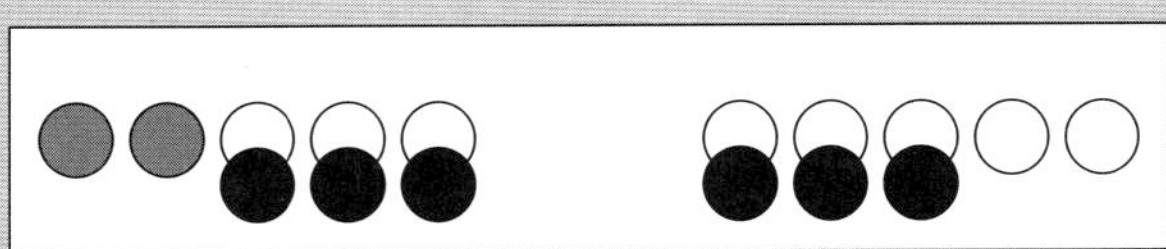

□ + □ = □

□ − □ = □

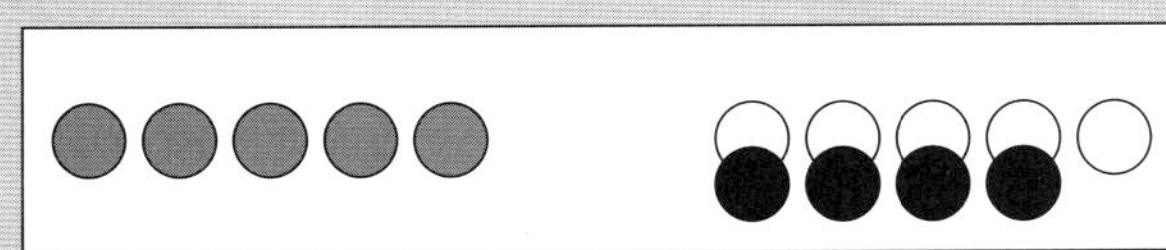

□ + □ = □

□ − □ = □

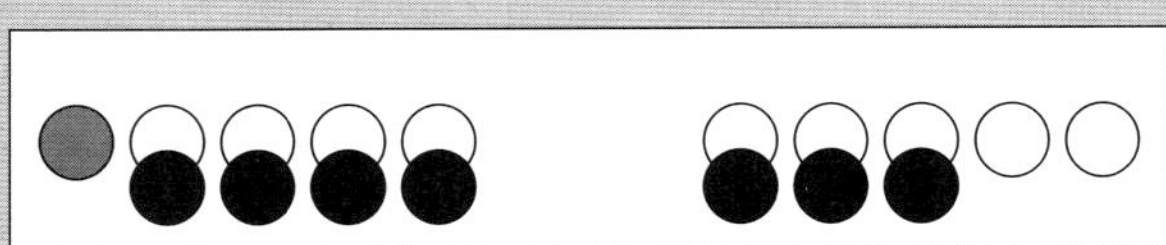

□ + □ = □

□ − □ = □

□ + □ = □

□ − □ = □

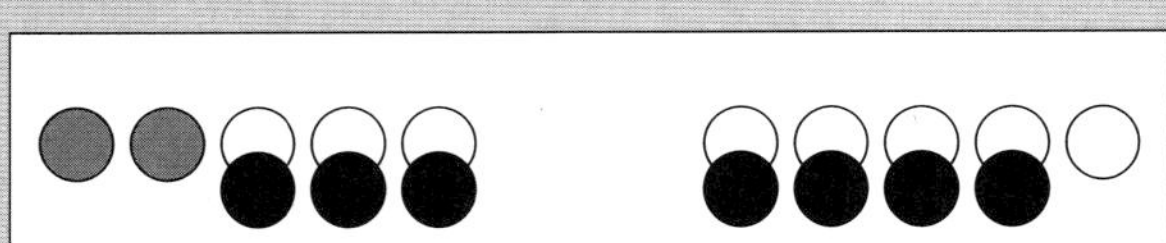

□ + □ = □

□ − □ = □

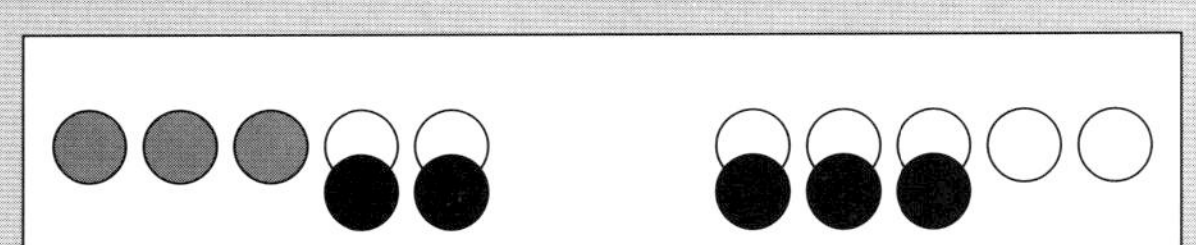

□ + □ = □

□ − □ = □

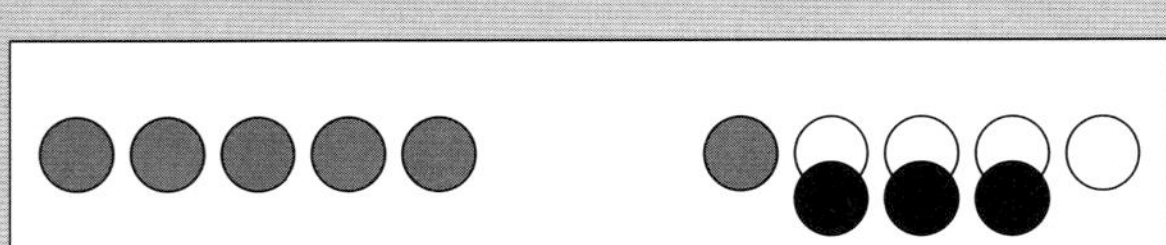

□ + □ = □

□ − □ = □

□ + □ = □

□ − □ = □

Name: Datum:

Fritz Umgekehrt macht alles umgekehrt

- Schreibe die Plus- und Umkehraufgabe auf und rechne sie aus!

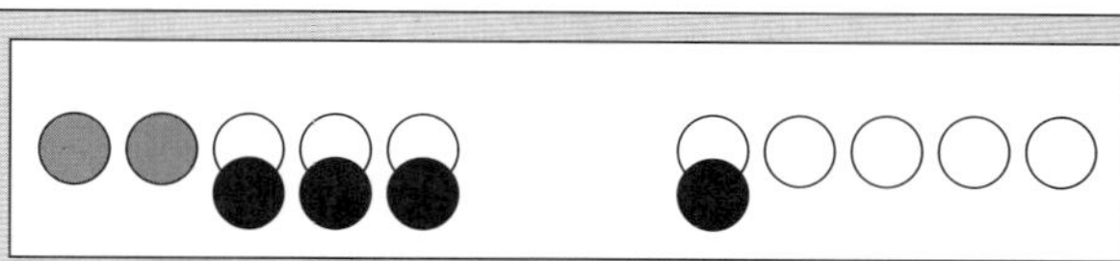

2 + 4 = 6
6 − 4 = 2

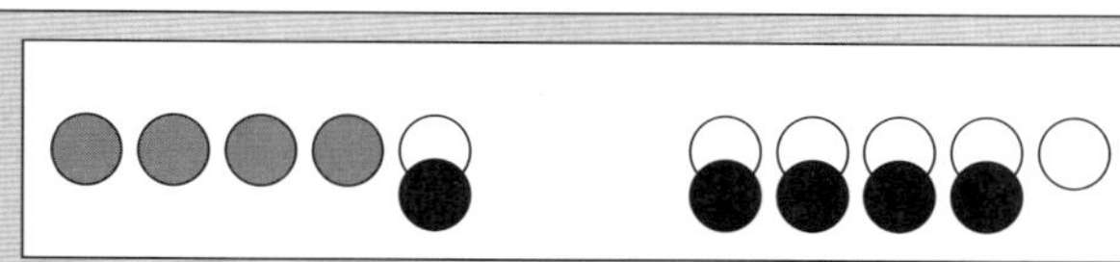

4 + 5 = ☐
☐ − ☐ = ☐

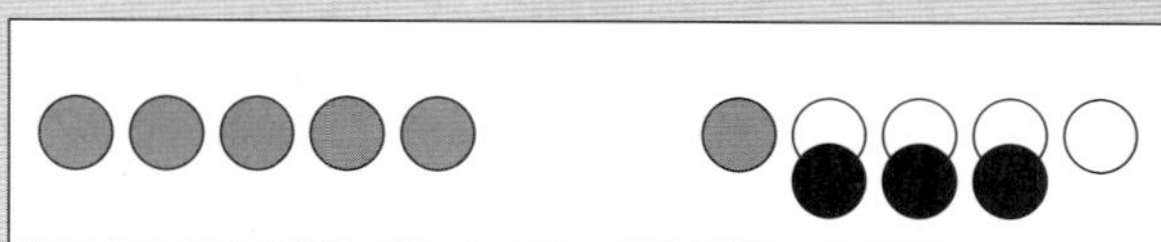

☐ + ☐ = ☐
☐ − ☐ = ☐

☐ + ☐ = ☐
☐ − ☐ = ☐

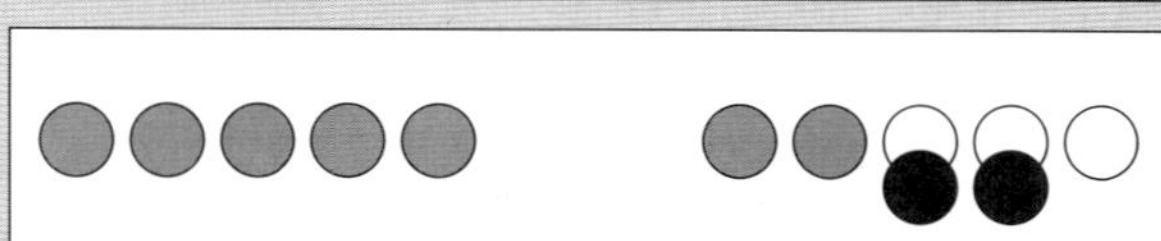

☐ + ☐ = ☐
☐ − ☐ = ☐

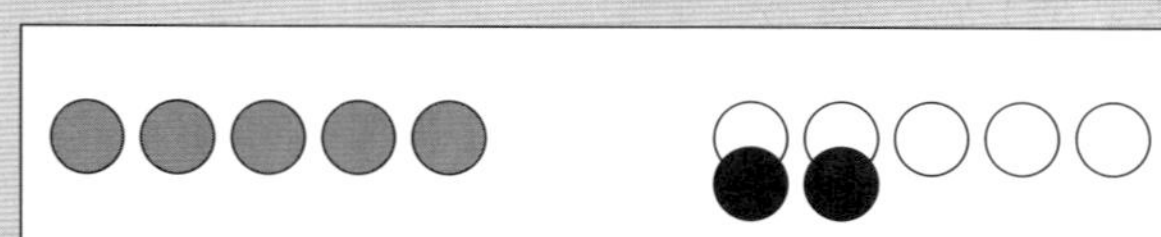

☐ + ☐ = ☐
☐ − ☐ = ☐

8 + 2 = ☐
☐ − ☐ = ☐

9 + 1 = ☐
☐ − ☐ = ☐

1 + 7 = ☐
☐ − ☐ = ☐

9 + 0 = ☐
☐ − ☐ = ☐

3 + 5 = ☐
☐ − ☐ = ☐

4 + 4 = ☐
☐ − ☐ = ☐

2 + 6 = ☐
☐ − ☐ = ☐

7 + 3 = ☐
☐ − ☐ = ☐

Name: Datum:

Vor- und rückwärts auf dem Zahlenstrahl

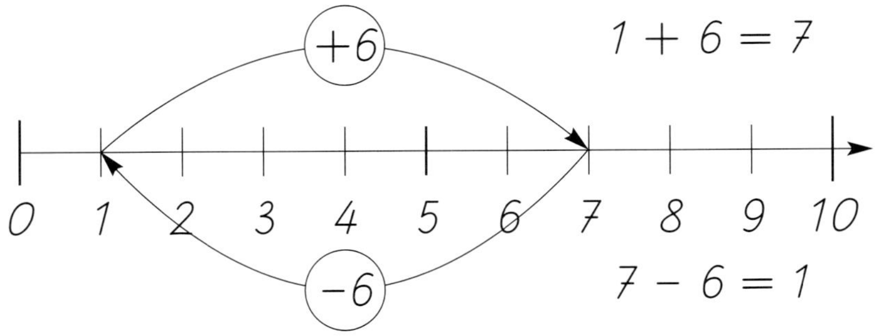

- Rechne mithilfe des Zahlenstrahls!

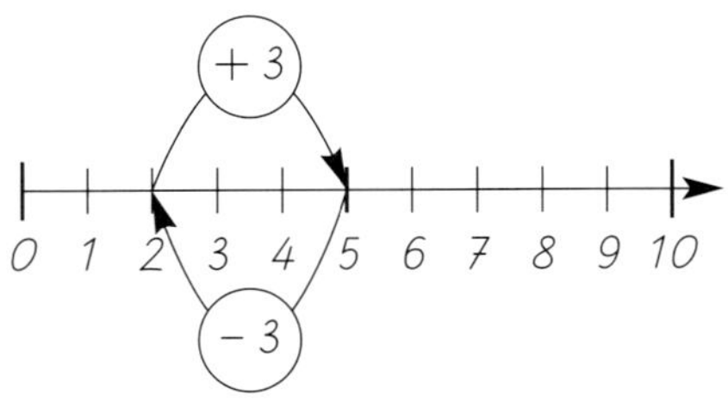

2 + 3 = ☐

5 − 3 = ☐

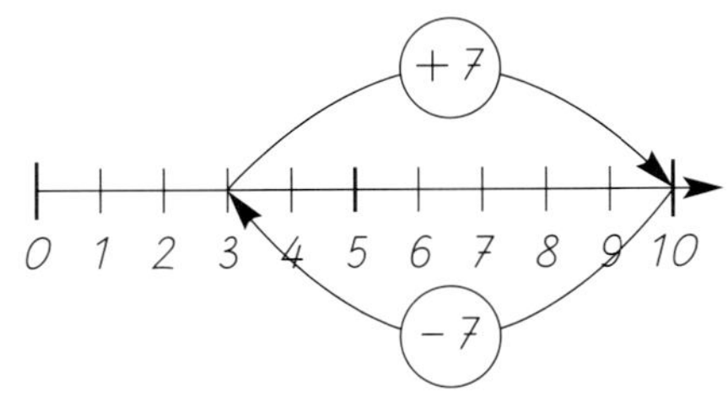

☐ + ☐ = ☐

☐ − ☐ = ☐

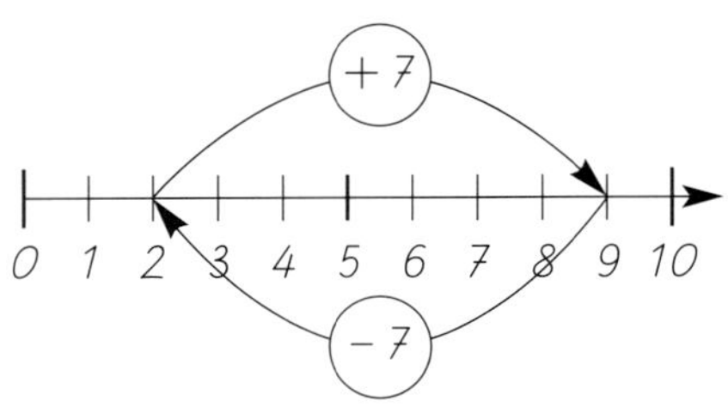

☐ + ☐ = ☐

☐ − ☐ = ☐

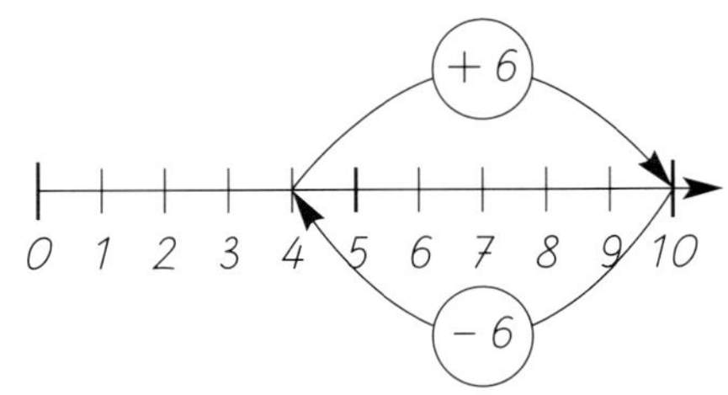

☐ + ☐ = ☐

☐ − ☐ = ☐

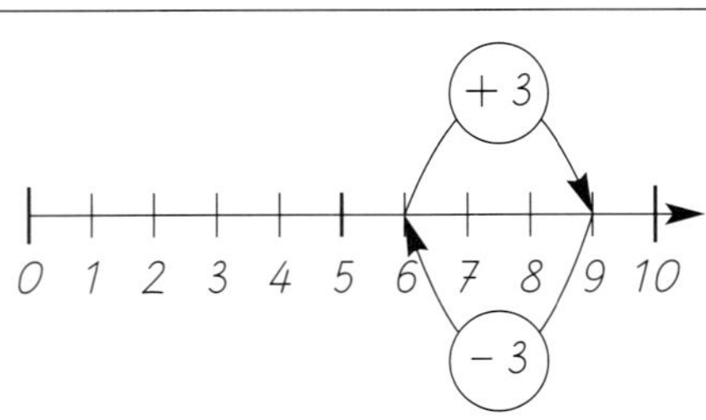

☐ + ☐ = ☐

☐ − ☐ = ☐

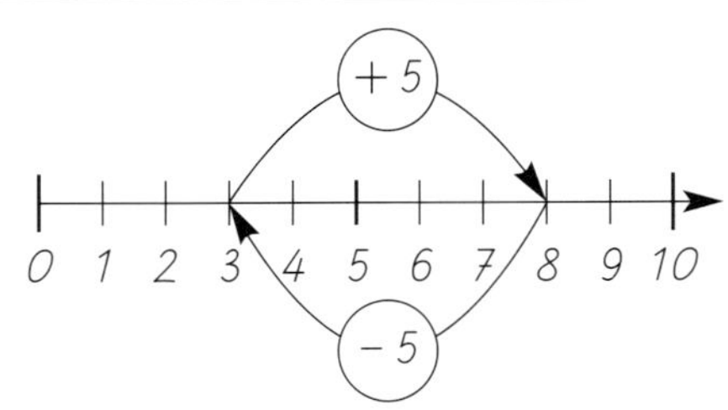

☐ + ☐ = ☐

☐ − ☐ = ☐

Name: Datum:

Vor- und rückwärts auf dem Zahlenstrahl

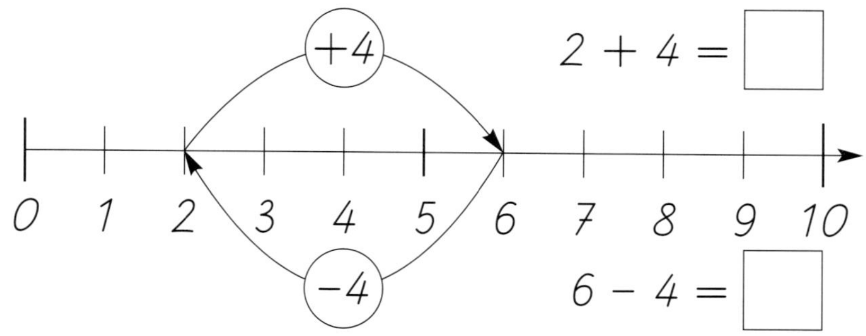

2 + 4 = ☐

6 − 4 = ☐

① Rechne!

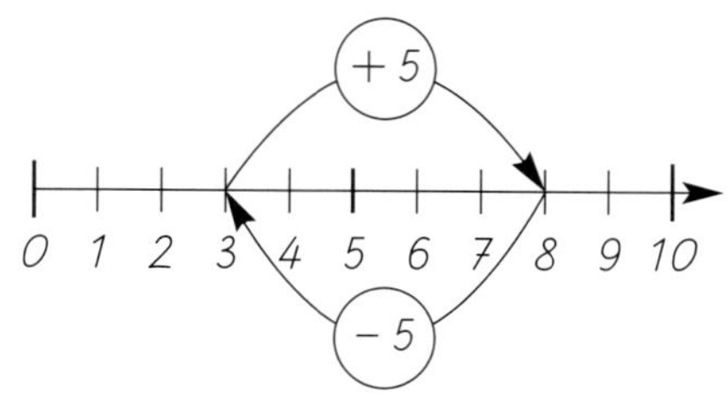

☐ + 5 = 8

8 − 5 = ☐

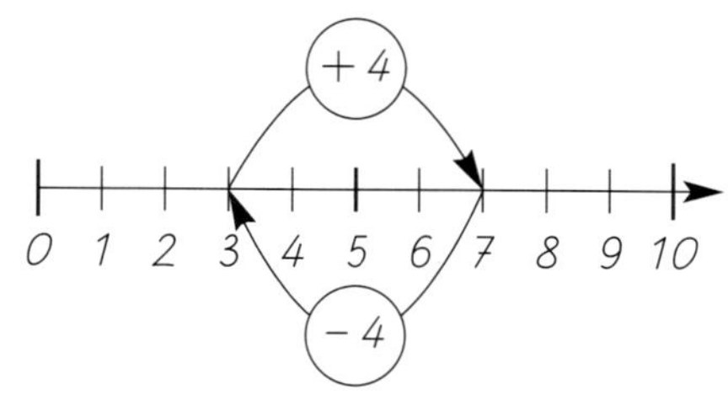

☐ − 4 = 3

3 + 4 = ☐

② Löse mithilfe der Umkehraufgabe!

☐ + 4 = 10 10 − 4 = ☐	☐ − 3 = 2 2 + 3 = ☐	☐ + 5 = 9 ☐ − ☐ = ☐
☐ + 3 = 8 8 − 3 = ☐	☐ − 5 = 3 3 + 5 = ☐	☐ − 3 = 4 ☐ + ☐ = ☐

③ Verbinde Aufgabe und Umkehraufgabe!

5	+	3	=	
6	+	2	=	
8	−	6	=	
9	−	4	=	

5	+	4	=	
2	+	6	=	
8	−	3	=	
8	−	2	=	

Name: Datum:

Zahlenmauern

- Finde die Steine der Zahlenmauern und schreibe sie auf!

	8	
3		5
1	2	3

2	2	3

1	3	1

4	2	1

3	1	5

3	3	1

5	2	1

Name: Datum:

Zahlenmauern

- Finde die Steine der Zahlenmauern und schreibe sie auf!

7	3	
5	2	1

3	1	3

4	1	3

5	1	3

4	2	2

4	2	1

1	4	0

Name: Datum:

Zahlenmauern

- Finde die Steine der Zahlenmauern und schreibe sie auf!

2	1	4

3	1	4

5	2	1

4	3	0

	7	
3		7

	8	
1		7

8		
6		0

7		
5		0

	8	
	5	
	2	

	9	
	4	
	1	

P. Schön/A. Pogoda Saam: Den Zahlenraum bis 10 aktiv entdecken

Name: Datum:

Zahlenmauern

① Finde die Steine der Zahlenmauern und schreibe sie auf!

3	2	3

5	1	2

6	1	2

4	2	2

② Finde selbst Zahlenmauern und schreibe sie auf!

③ Finde Zahlenmauern mit dem Zielstein 10!

	10	

	10	

Zahlenmauern

- Lege aus 6 Steinen eine Zahlenmauer und schreibe sie auf!

1	2	3
4	5	9

0	2	4
4	6	10

1	2	3
5	7	10

0	2	2
6	8	10

1	3	4
4	5	9

Zahlenmauern

- Finde selbst Zahlenmauern!

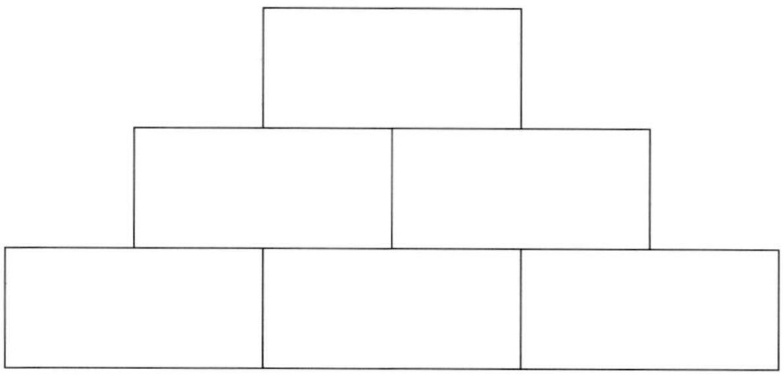

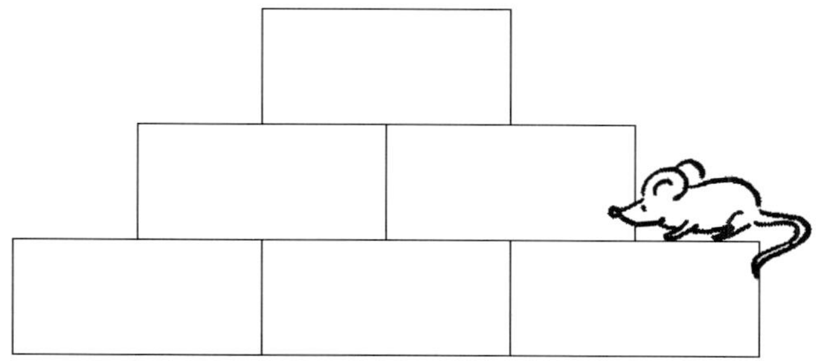

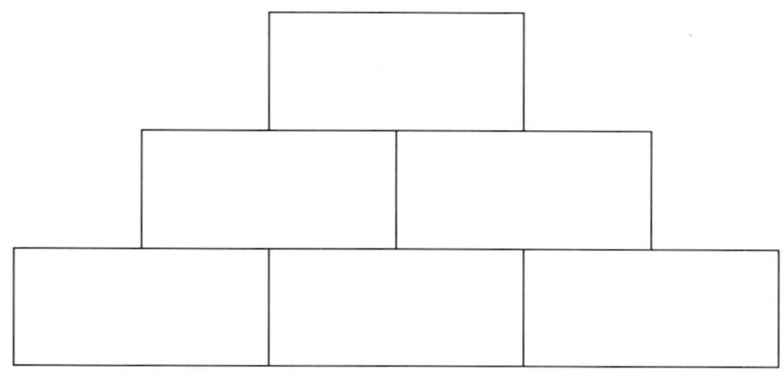

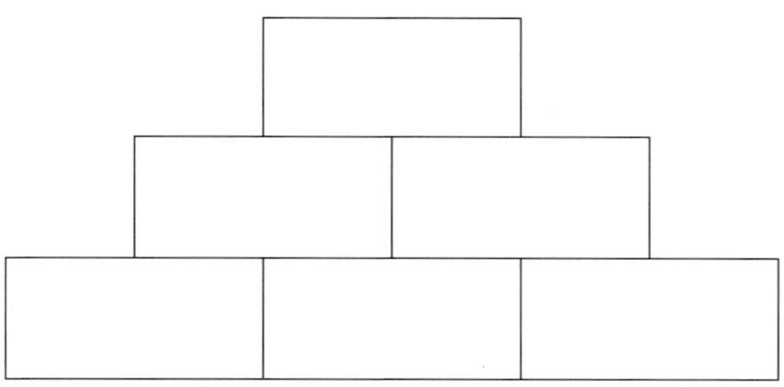

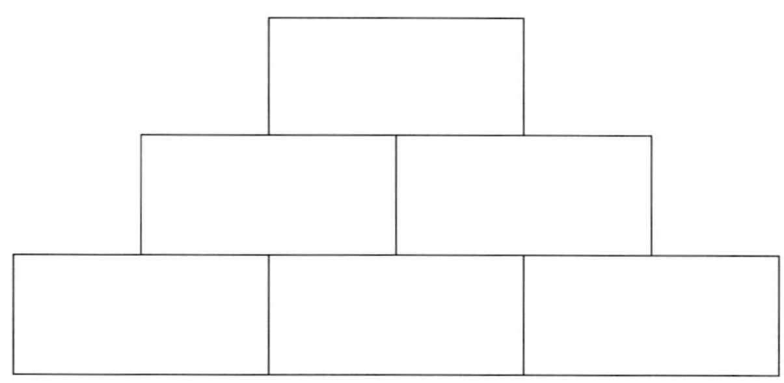

Name: Datum:

Wie viele Plättchen fehlen?

- Lege, male und rechne!

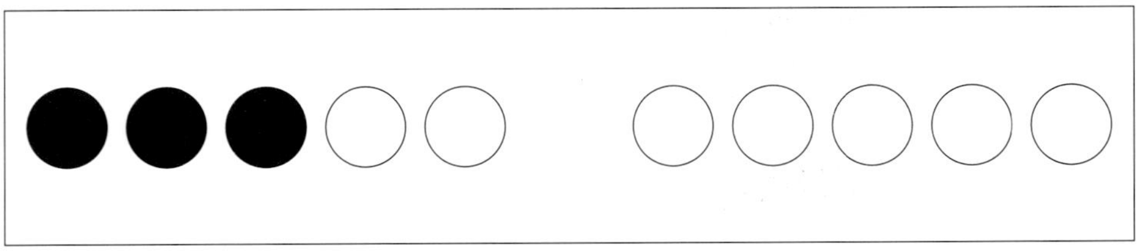

$3 + \square = 10$

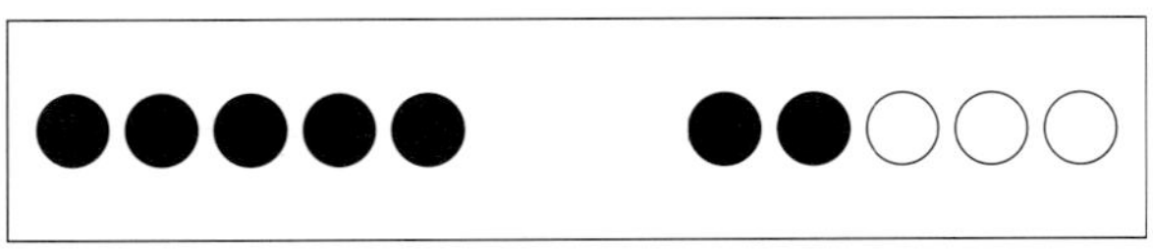 $7 + \square = 10$	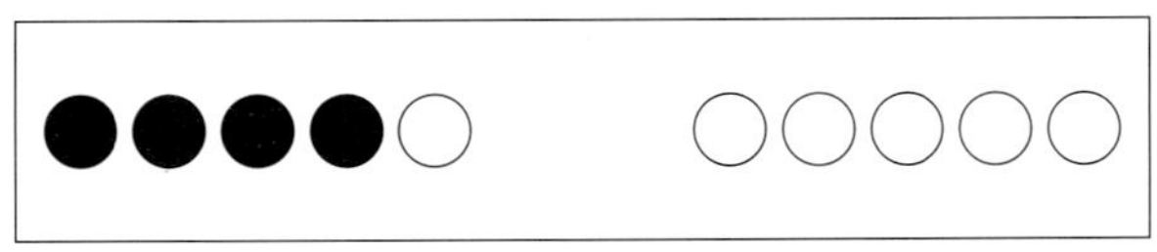 $4 + \square = 10$
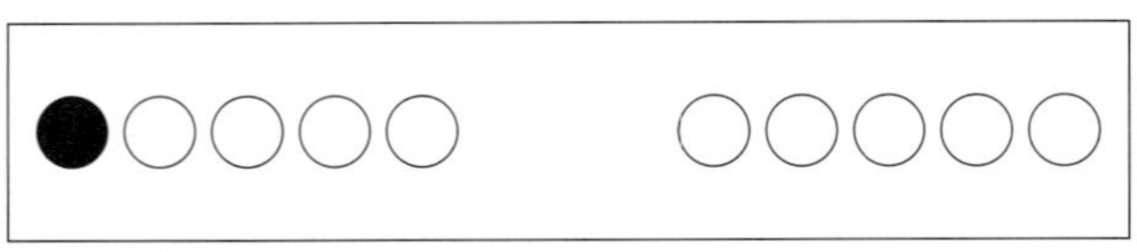 $1 + \square = 10$	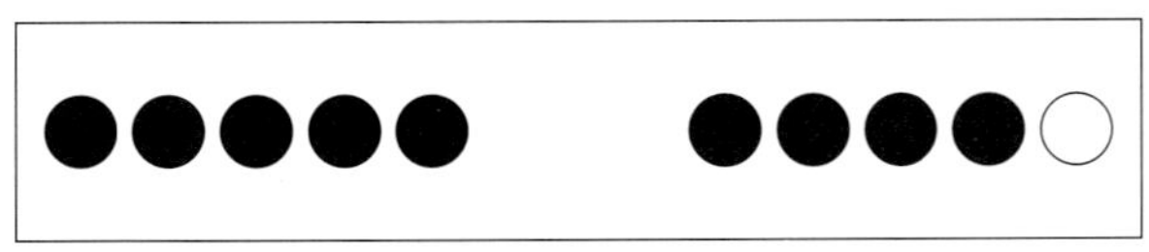 $9 + \square = 10$
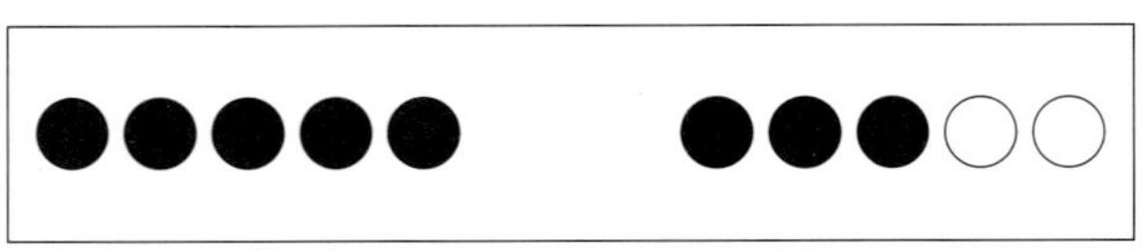 $8 + \square = 10$	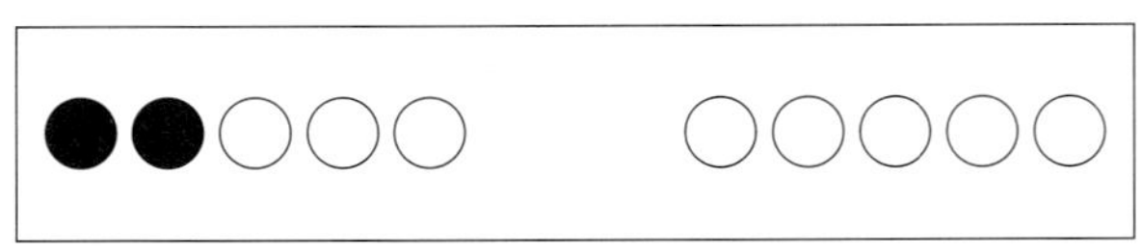 $2 + \square = 10$
$2 + \square = 10$ $7 + \square = 10$ $0 + \square = 10$ $1 + \square = 10$ $5 + \square = 10$	$3 + \square = 10$ $8 + \square = 10$ $4 + \square = 10$ $9 + \square = 10$ $10 + \square = 10$

Wie viele Eier fehlen?

- Male und rechne!

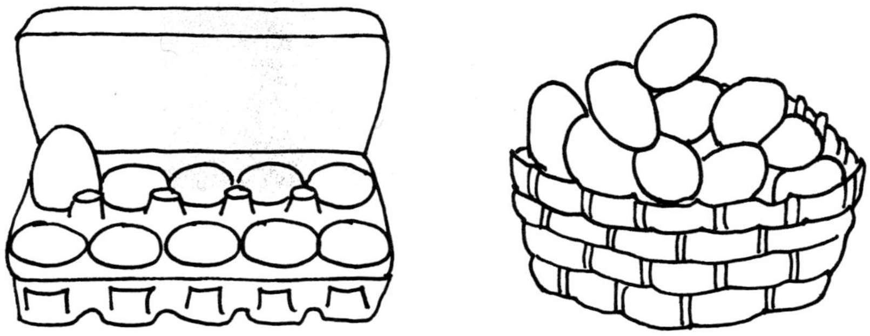

$1 + \boxed{9} = 10$

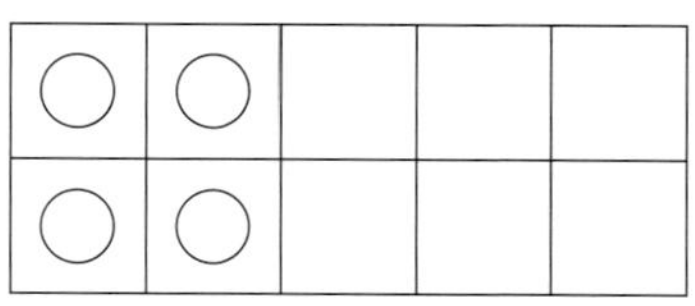

$4 + \square = 10$

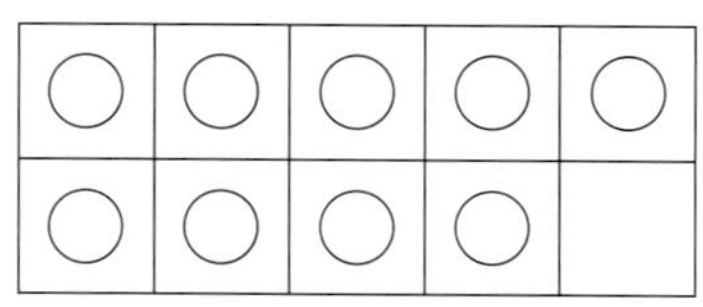

$9 + \square = 10$

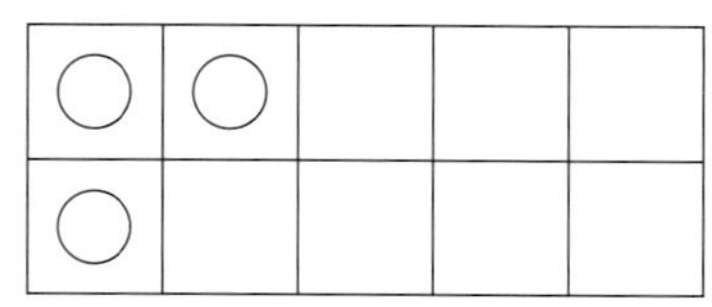

$3 + \square = 10$

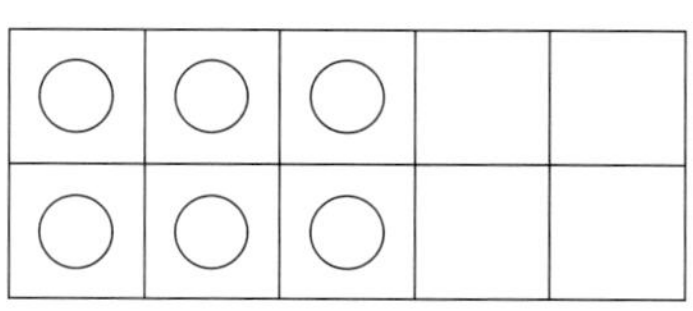

$6 + \square = 10$

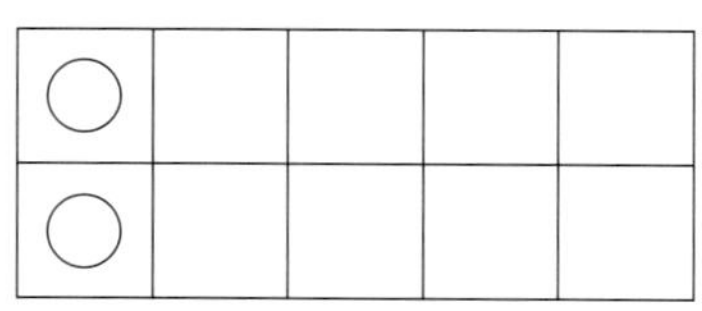

$2 + \square = 10$

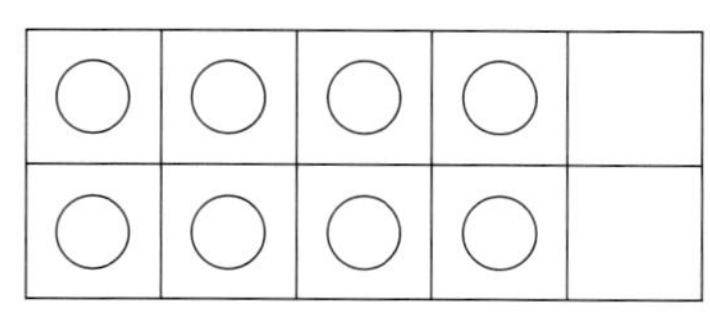

$8 + \square = 10$

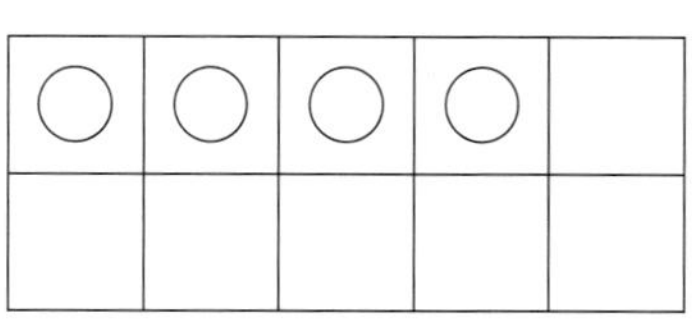

$\square + \square = 10$

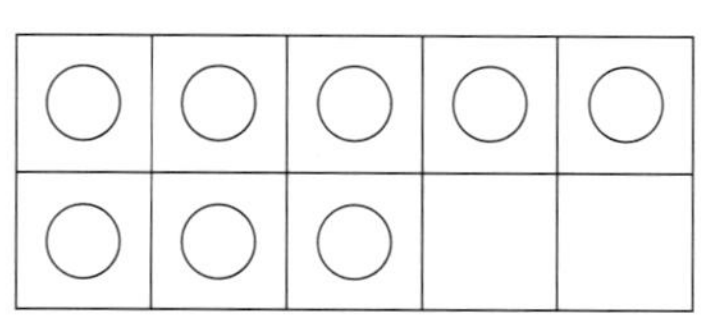

$\square + \square = 10$

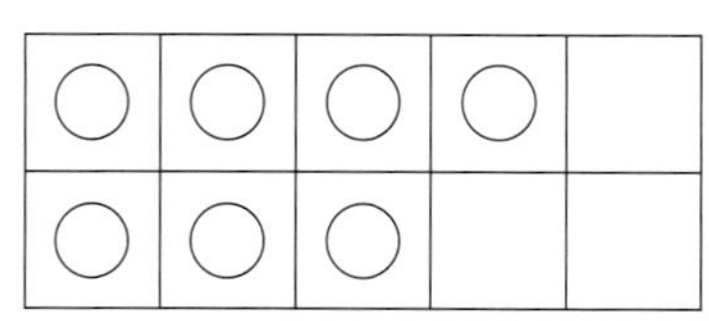

$\square + \square = 10$

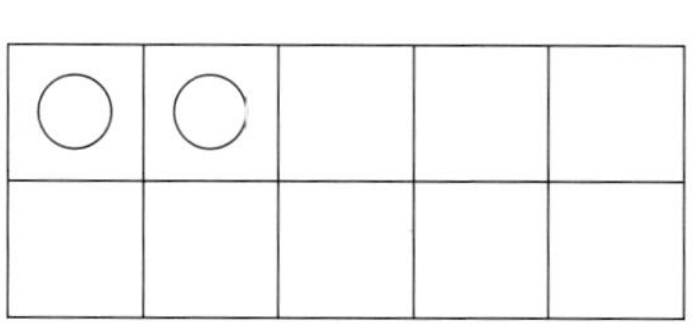

$\square + \square = 10$

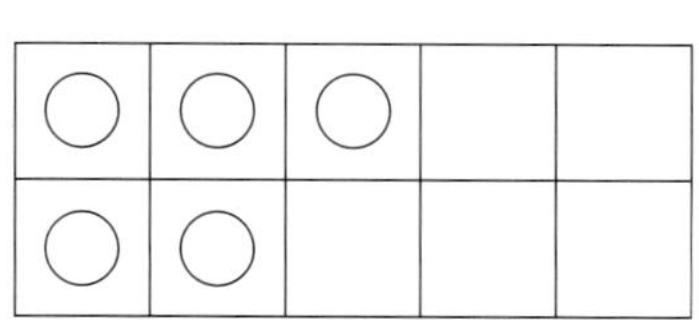

$\square + \square = 10$

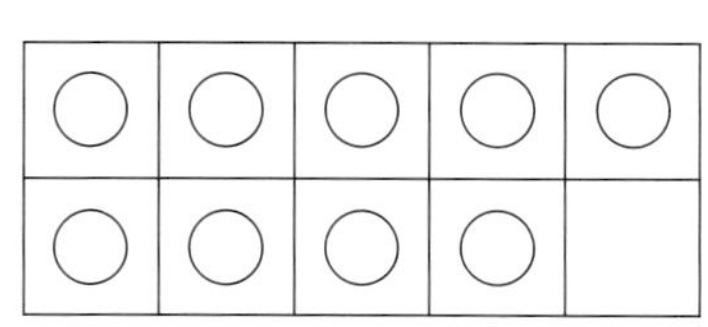

$\square + \square = 10$

Ergänzungsaufgaben bis 10

① Wie viele Eier fehlen? Male und rechne!

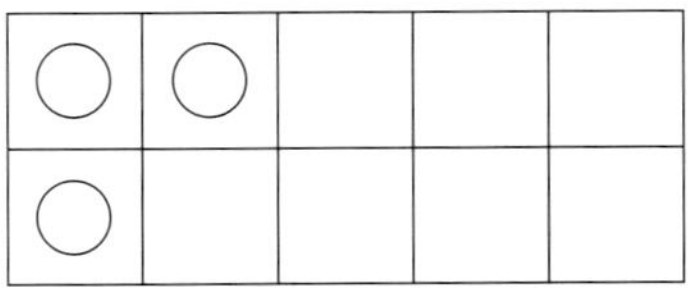

$3 + \square = 10$

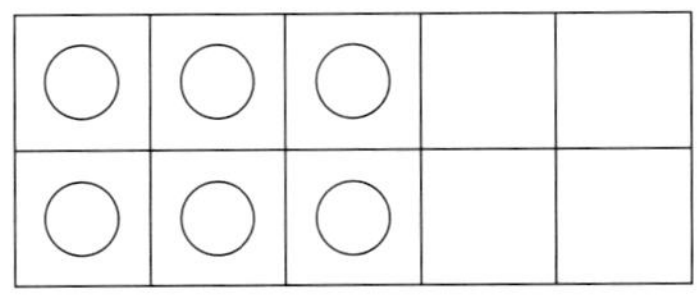

$6 + \square = 10$

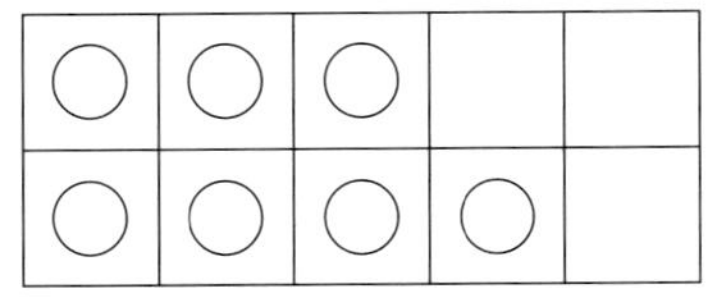

$7 + \square = 10$

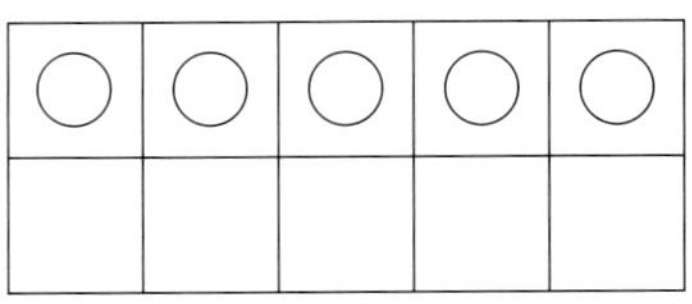

$5 + \square = 10$

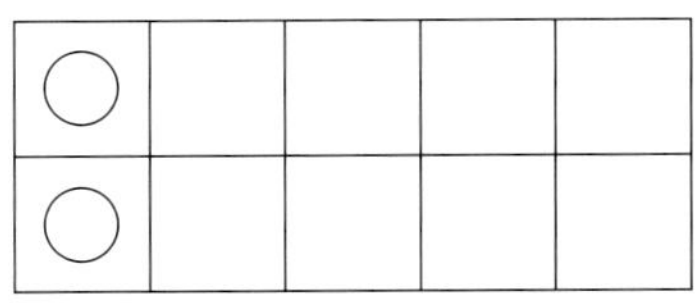

$2 + \square = 10$

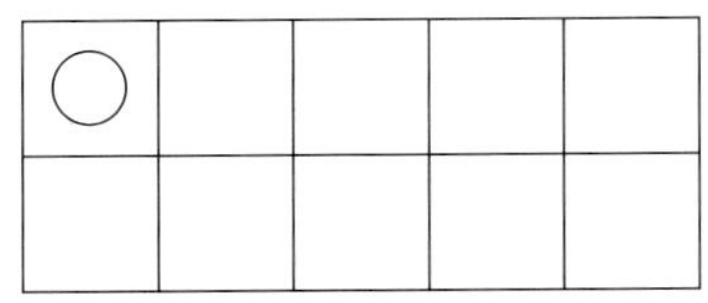

$1 + \square = 10$

② Löse die Ergänzungsaufgaben!

$4 + \square = 10$
$8 + \square = 10$
$0 + \square = 10$

$2 + \square = 9$
$6 + \square = 9$
$9 + \square = 9$

$7 + \square = 8$
$3 + \square = 8$
$5 + \square = 8$

③ In den Stockwerken der Häuser sind immer 10, 9 oder 8. Ergänze!

10	
2	8
5	
3	
	2
	9
4	

9	
3	
	4
5	
2	
	9
1	

8	
	8
3	
2	
	4
0	
	1

Wie viele Plättchen wurden weggenommen?

- Lege, male und rechne!

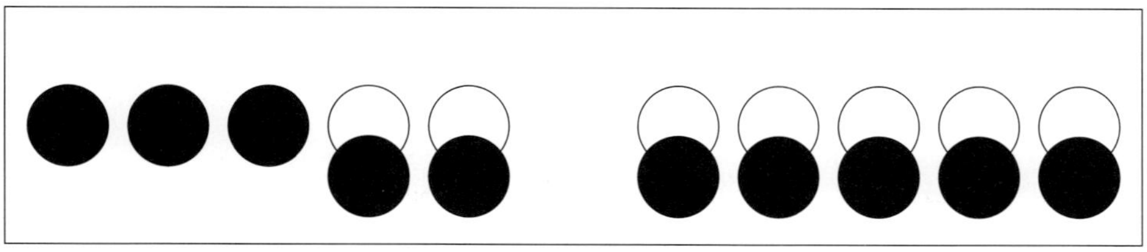

$$10 - \square = 3$$

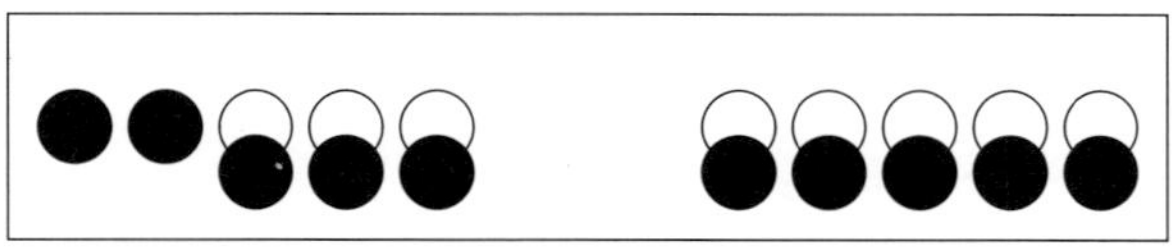

$10 - \square = 2$

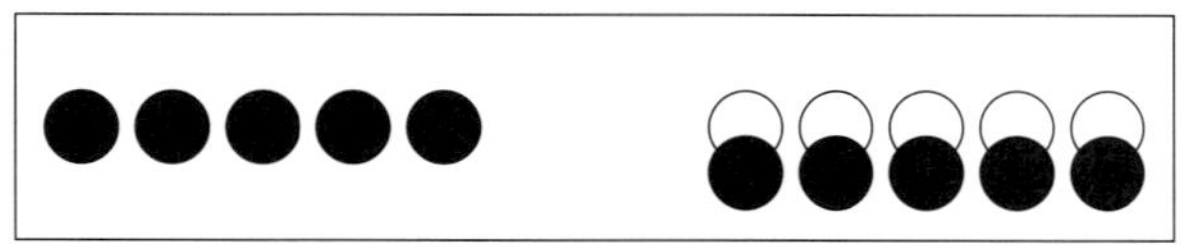

$10 - \square = 5$

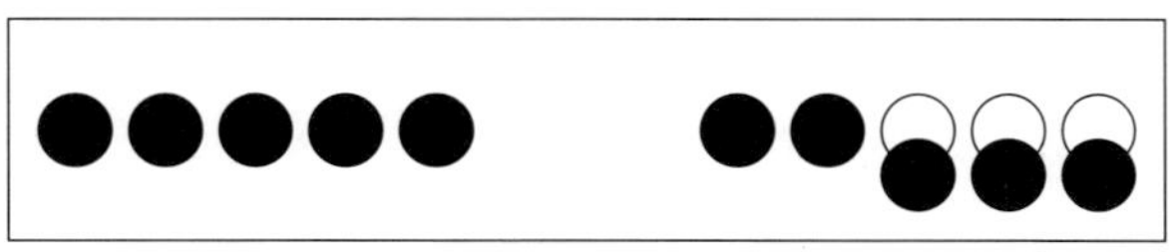

$10 - \square = 7$

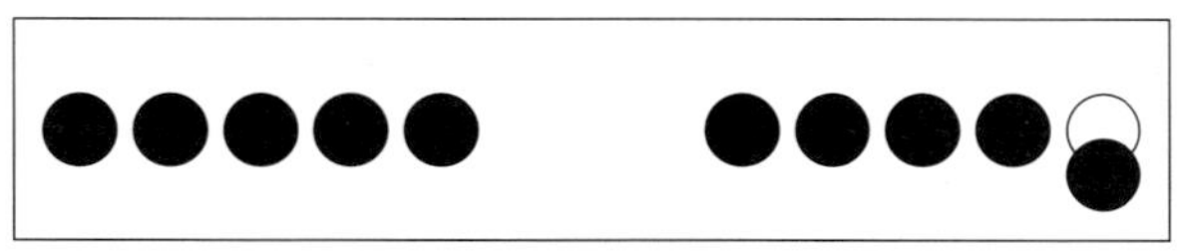

$10 - \square = 9$

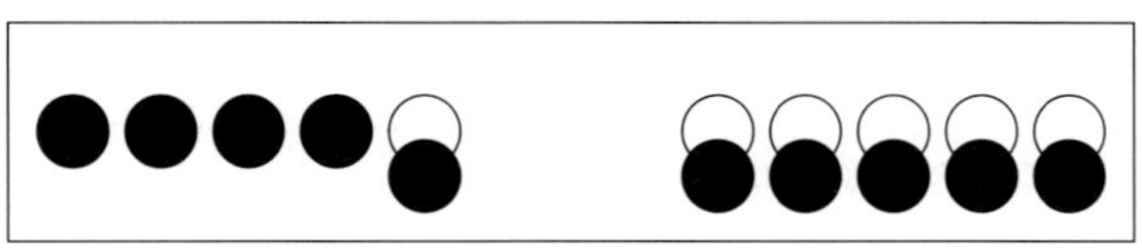

$10 - \square = 4$

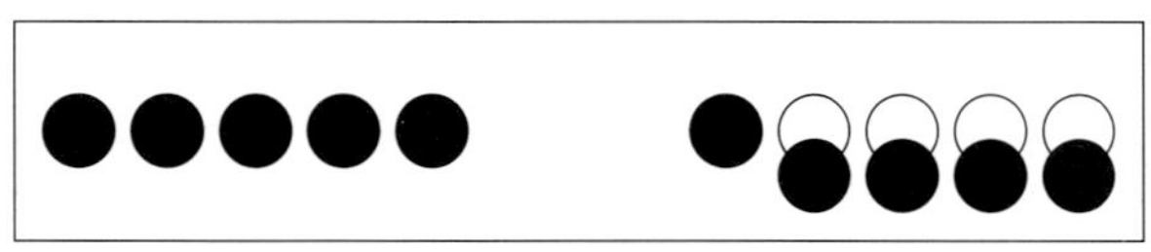

$10 - \square = 6$

$10 - \square = 0$
$10 - \square = 4$
$10 - \square = 8$
$10 - \square = 3$
$10 - \square = 7$

$10 - \square = 10$
$10 - \square = 5$
$10 - \square = 2$
$10 - \square = 6$
$10 - \square = 1$

Ergänzungsaufgaben bis 10

① Berechne die Ergänzungsaufgaben!
② Jede Lösung hat eine Farbe. Male die Hemden und Hosen so an, wie es die Wäschekörbe vorgeben!

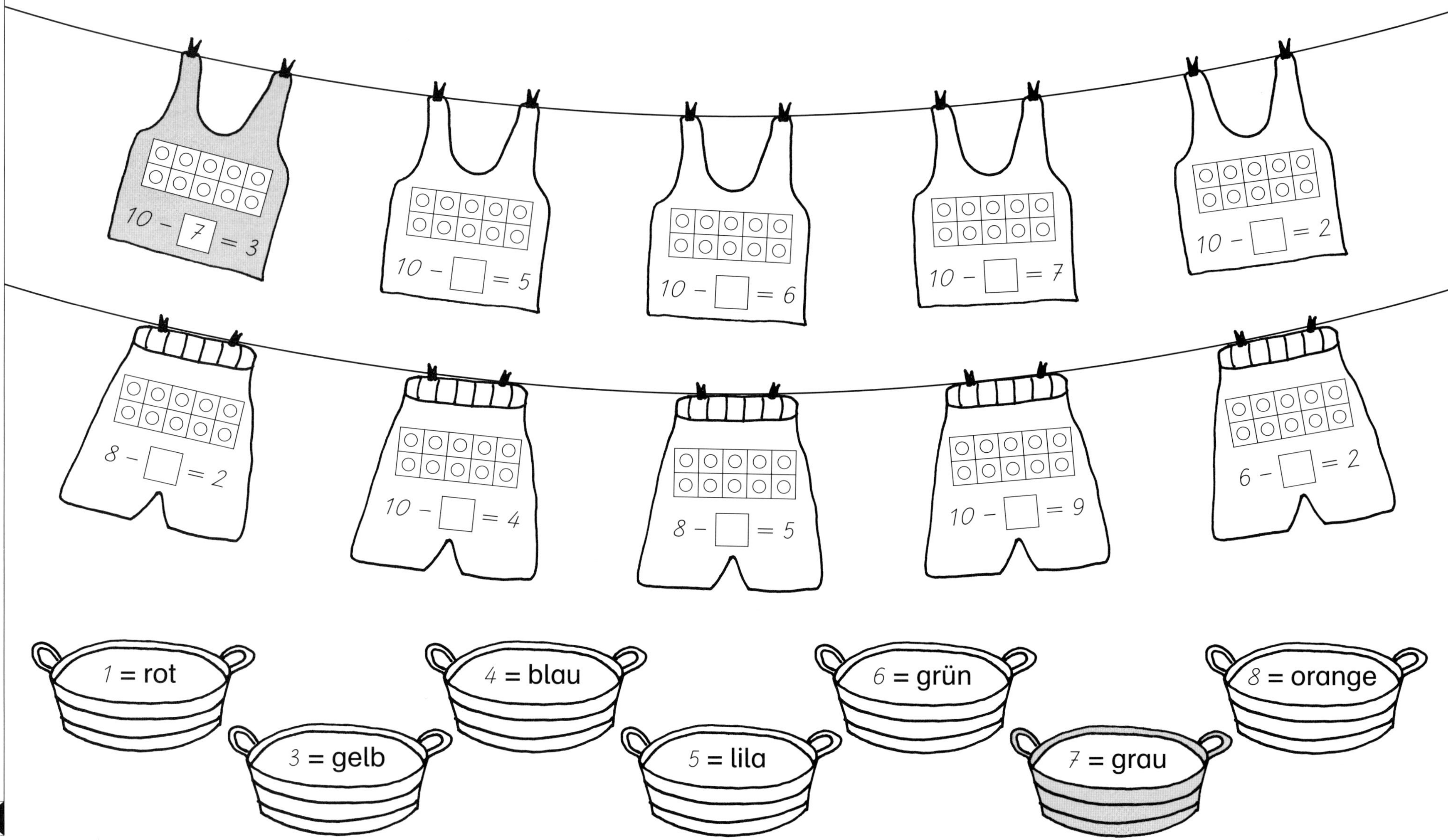

Name: Datum:

Was passiert?

- Erzähle und rechne!

Zuerst sind es … Vögel. *Dann fliegen … dazu.* *Zuletzt sind es … Vögel.*

☐ + ☐ = ☐

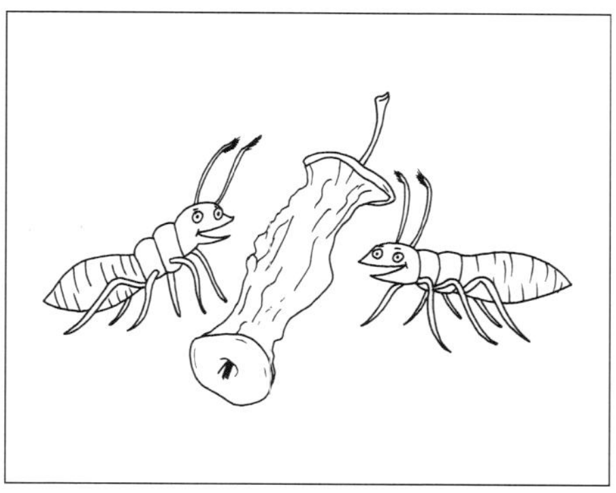

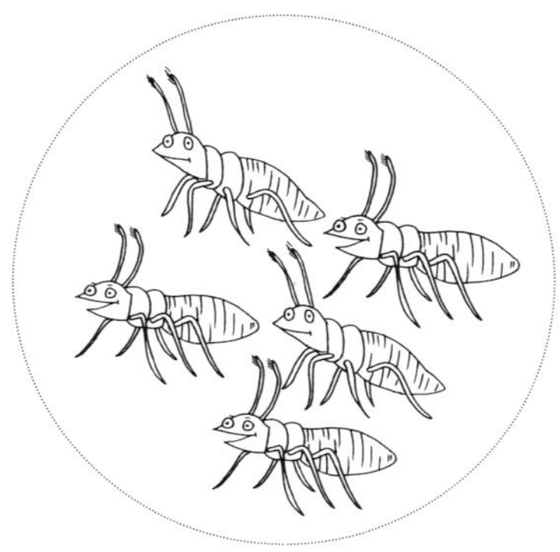

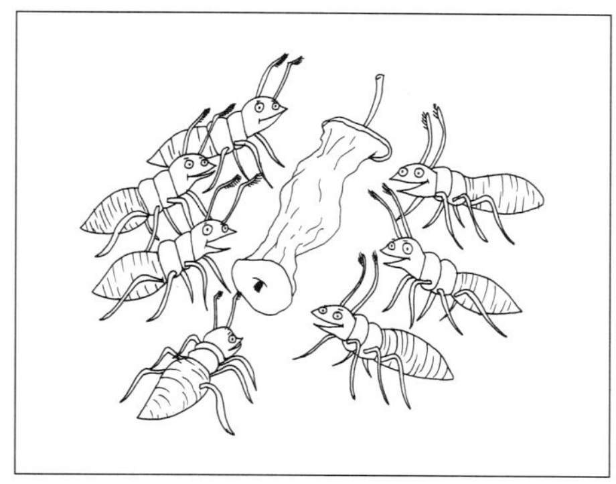

☐ + ☐ = ☐

☐ + ☐ = ☐

Was passiert?

- Male und rechne!

Zuerst sind es … . *Dann kommen … dazu.* *Zuletzt sind es … .*

☐ + ☐ = ☐

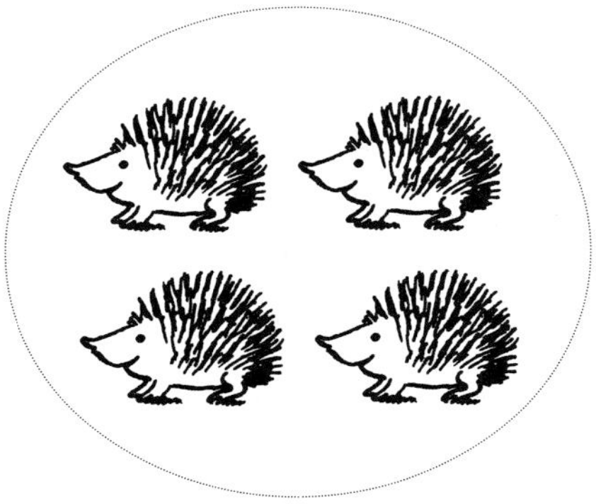

Zuerst sind es … . *Dann kommen … dazu.* *Zuletzt sind es … .*

☐ + ☐ = ☐

Zuerst sind es … . *Dann kommen … dazu.* *Zuletzt sind es … .*

☐ + ☐ = ☐

Name: Datum:

Was passiert?

① Erzähle: *Zuerst … dann … zuletzt … .*
② Rechne!
③ Male die passende Aufgabe zum Bild aus!

2	+	1	=	
3	−	1	=	
3	+	1	=	

5	+	2	=	
3	−	2	=	
3	+	2	=	

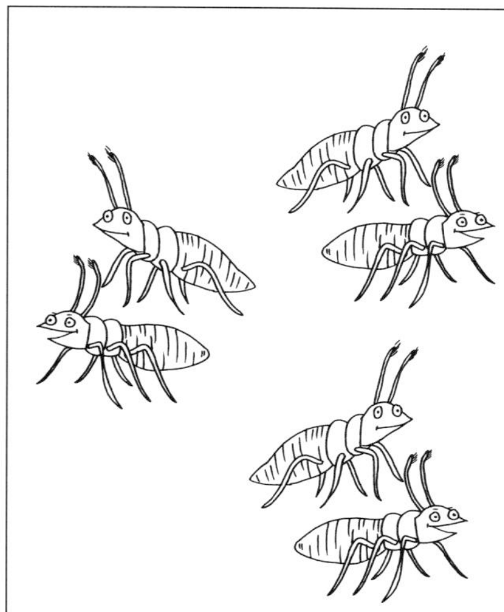

4	−	2	=	
4	+	2	=	
6	−	4	=	

4	−	1	=	
3	+	1	=	
4	+	1	=	

4	−	3	=	
4	+	3	=	
7	−	3	=	

2	+	3	=	
3	−	2	=	
5	−	2	=	

Name: Datum:

Was passiert?

① Erzähle Rechengeschichten zum Bild!
② Schreibe Rechengeschichten auf!
③ Male das Bild aus!

Name: Datum:

Was passiert?

① Erzähle Rechengeschichten zum Bild!
② Schreibe Rechengeschichten auf!
③ Male das Bild aus!

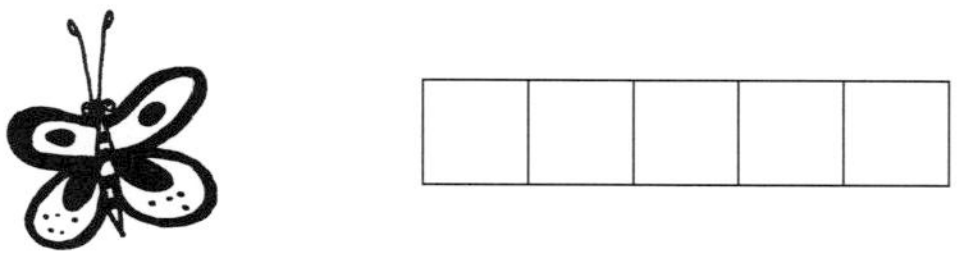

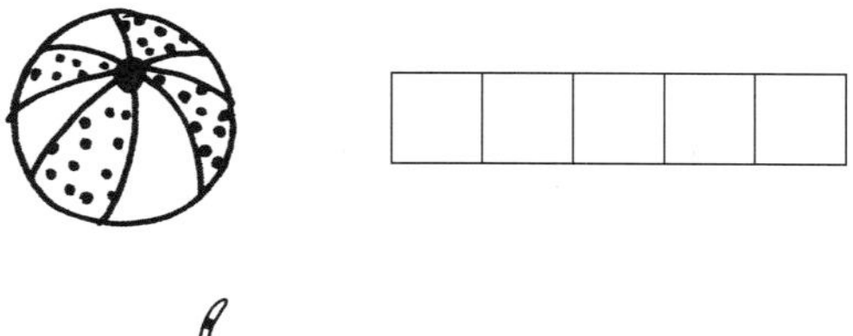

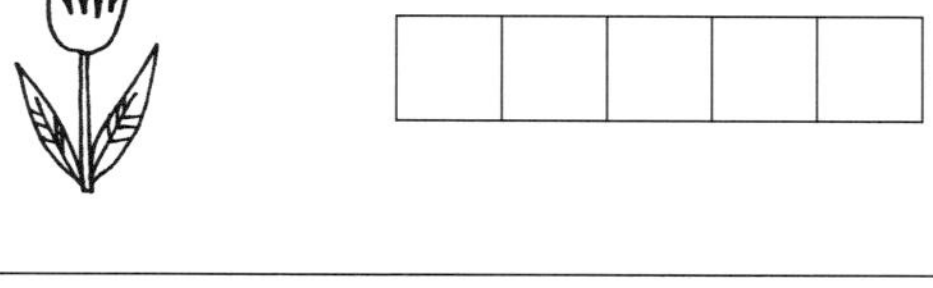

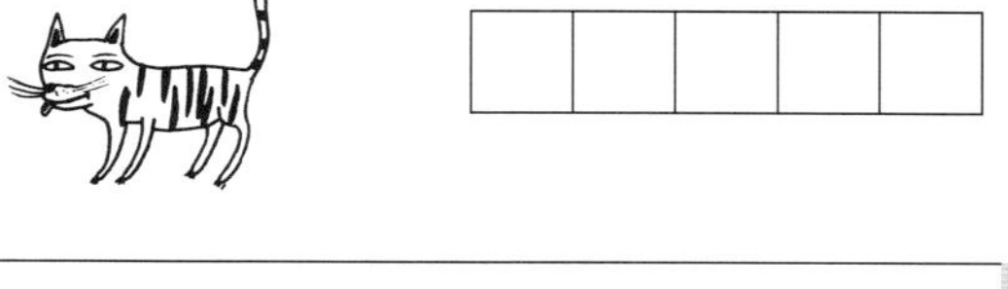

Wir rechnen mit Geld

① Wie viele Münzen von jeder Sorte siehst du? Schau genau (Euro oder Cent)!

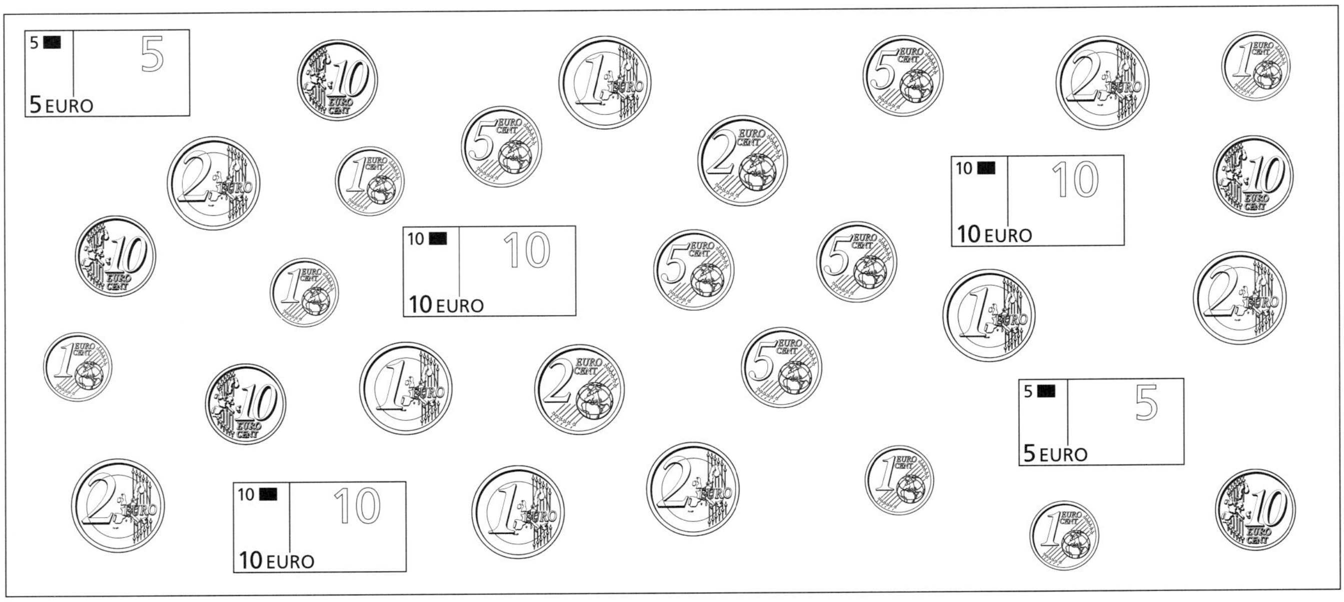

1 €	2 €	5 €	10 €	1 ct	2 ct	5 ct	10 ct

② Wie viel Geld ist in der Geldbörse?

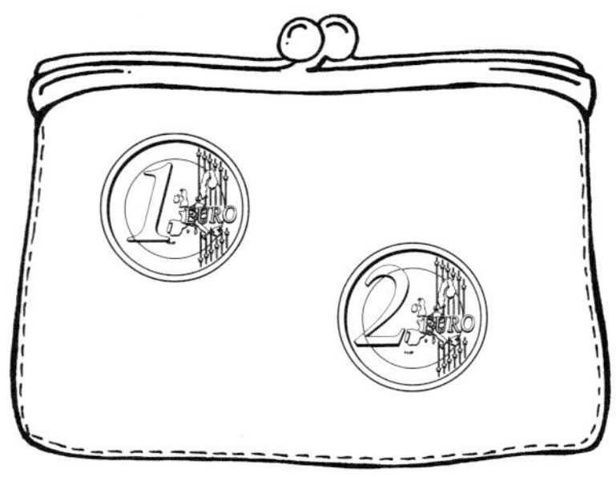

€

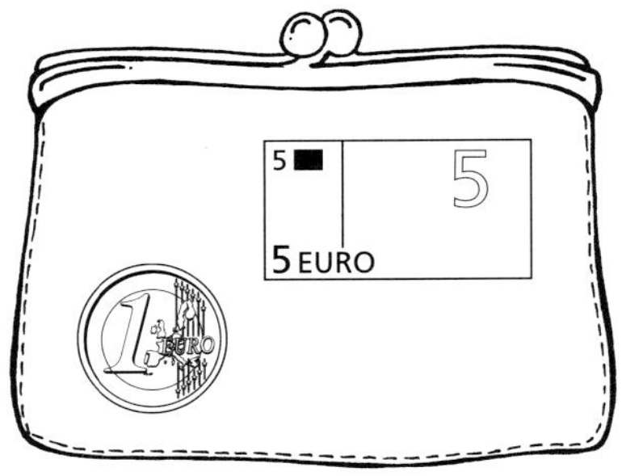

€

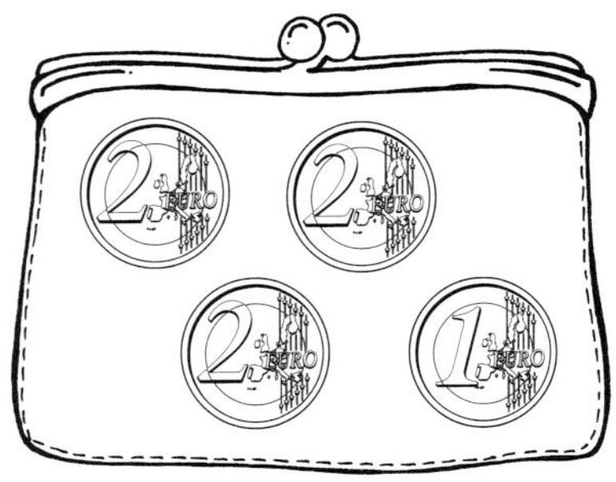

€

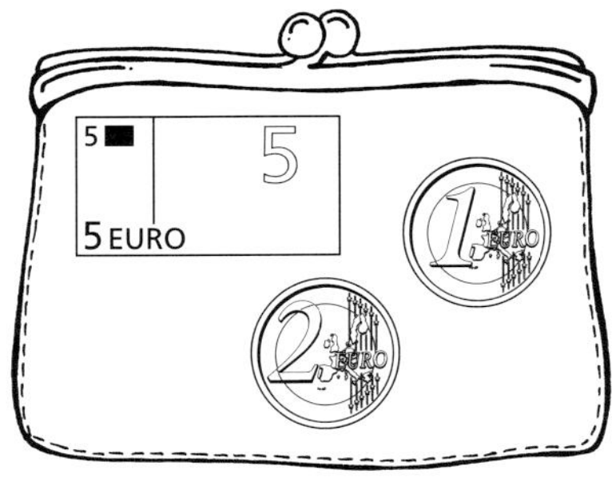

€

Name: Datum:

Wir rechnen mit Geld

- Wie viel Geld ist das? Schreibe auf!

 ct	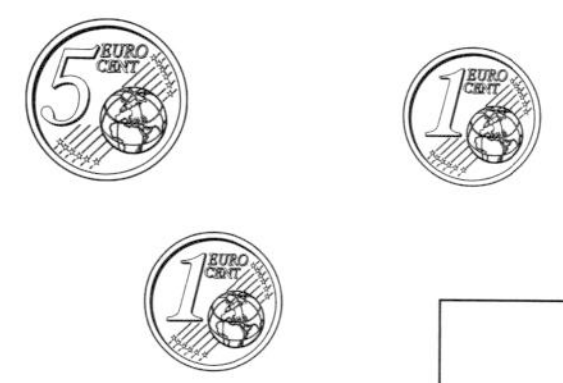 ct	 ct
 ct	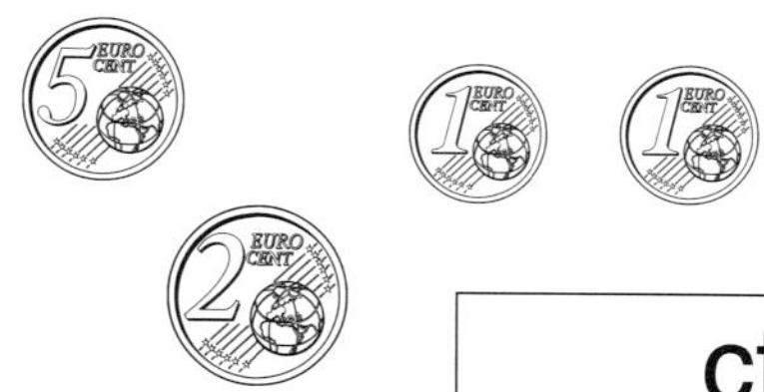 ct	 ct
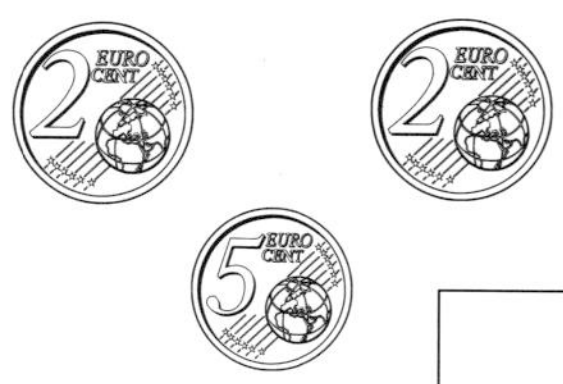 ct	 ct	 ct
 ct	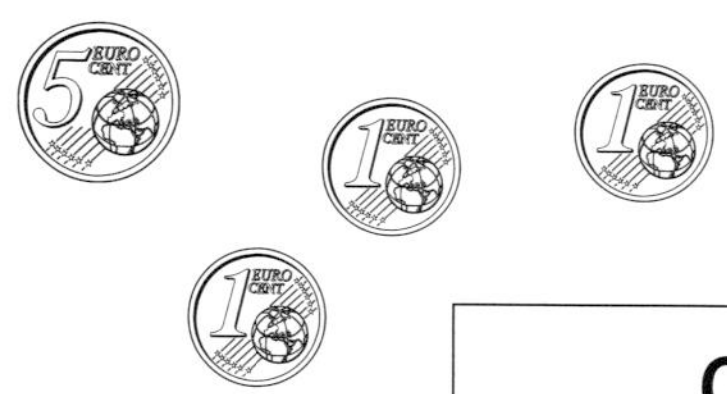 ct	 ct
 ct	 ct	 ct
 ct	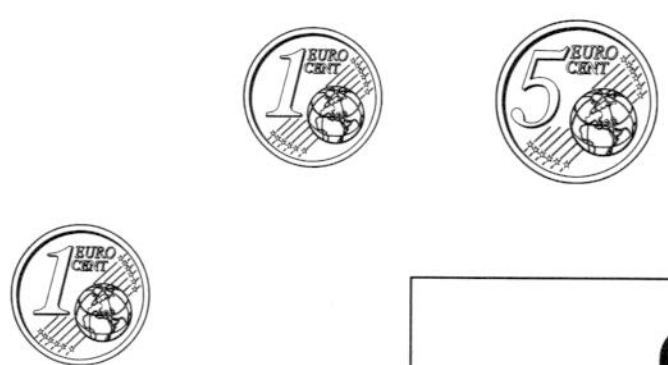 ct	 ct
 ct	 ct	 ct

Name: Datum:

Wie viel Geld ist im Sparschwein?

- Schau genau und rechne!

5 ct + 2 ct + 1 ct = ☐ ct

☐ ct + ☐ ct + ☐ ct = ☐ ct

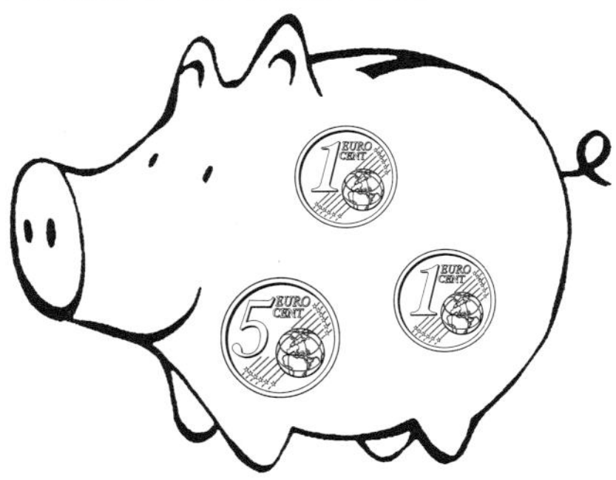

☐ ct + ☐ ct + ☐ ct = ☐ ct

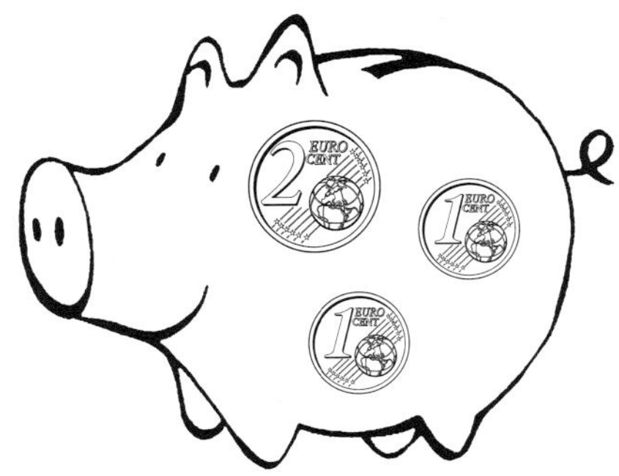

☐ ct + ☐ ct + ☐ ct = ☐ ct

☐ ct + ☐ ct + ☐ ct = ☐ ct

☐ ct + ☐ ct + ☐ ct = ☐ ct

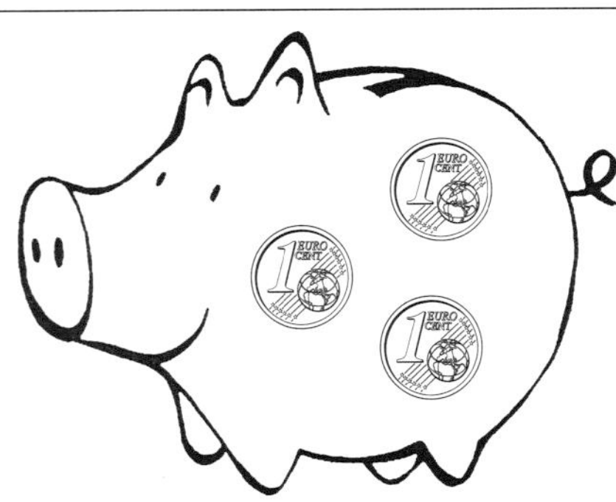

☐ ct + ☐ ct + ☐ ct = ☐ ct

☐ ct + ☐ ct + ☐ ct = ☐ ct

Name: Datum:

Wie viel Geld ist im Sparschwein?

- Schau genau und rechne!

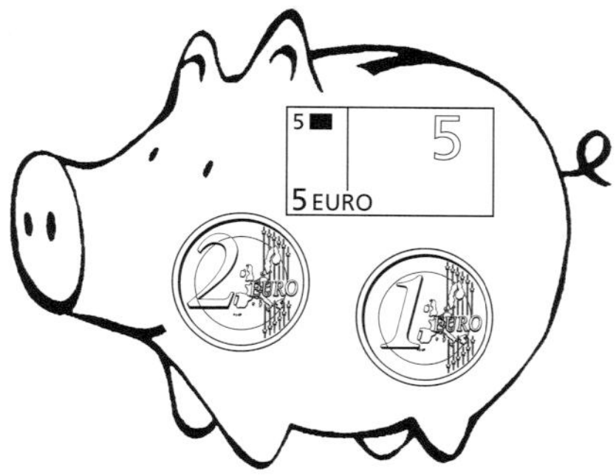

5 € + *2* € + *1* € = ☐ €

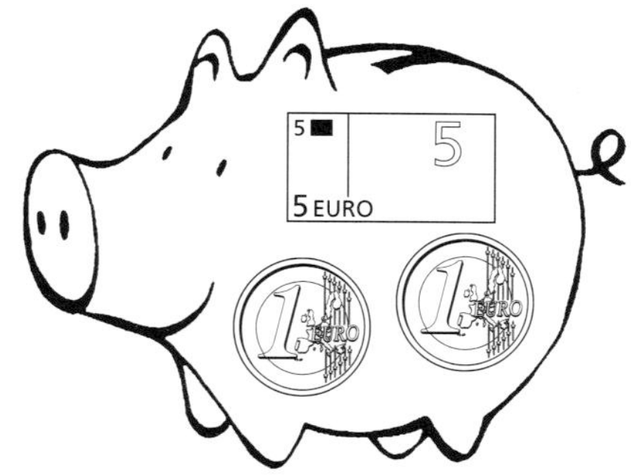

☐ € + ☐ € + ☐ € = ☐ €

☐ € + ☐ € + ☐ € = ☐ €

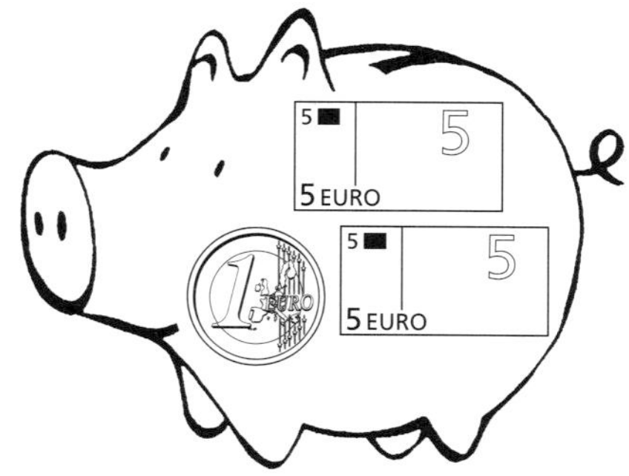

☐ € + ☐ € + ☐ € = ☐ €

☐ € + ☐ € + ☐ € = ☐ €

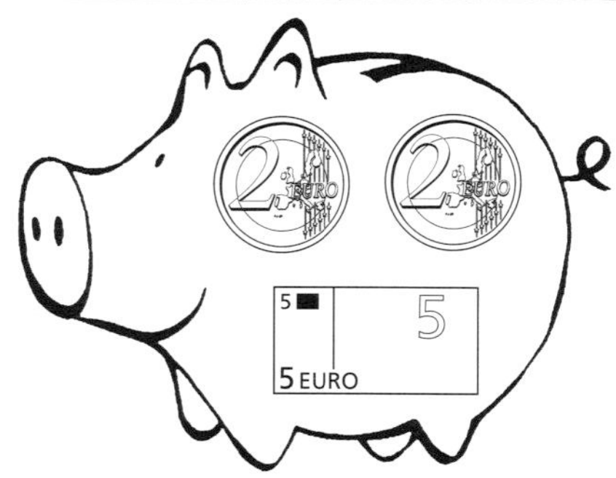

☐ € + ☐ € + ☐ € = ☐ €

☐ € + ☐ € + ☐ € = ☐ €

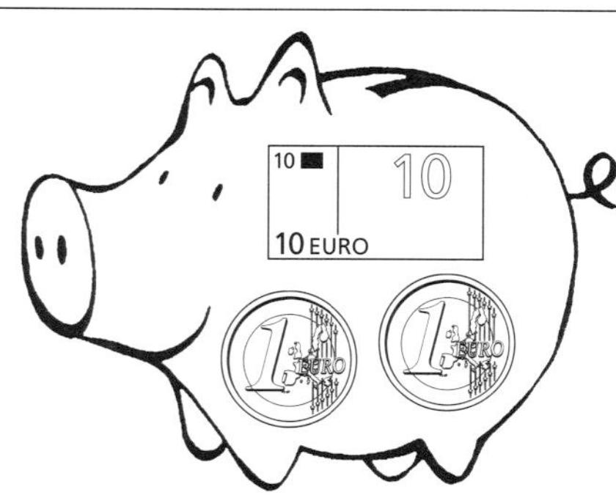

☐ € + ☐ € + ☐ € = ☐ €

Name: Datum:

Wie viel Geld wurde gespart?

- Lege und klebe die entsprechenden Münzen auf!

 5 €	 6 €
 10 €	 4 €
 8 €	 2 €
 9 €	 7 €

Name: Datum:

Wie viel Geld wurde gespart?

- Lege und klebe die entsprechenden Münzen auf!

6 ct

3 ct

10 ct

9 ct

2 ct

7 ct

15 ct

8 ct

Wir tauschen Geld

① Wie viel Geld ist das?
② Tausche das Geld in größere Münzen oder Scheine ein und klebe sie auf!

10 ct →

ct →

ct →

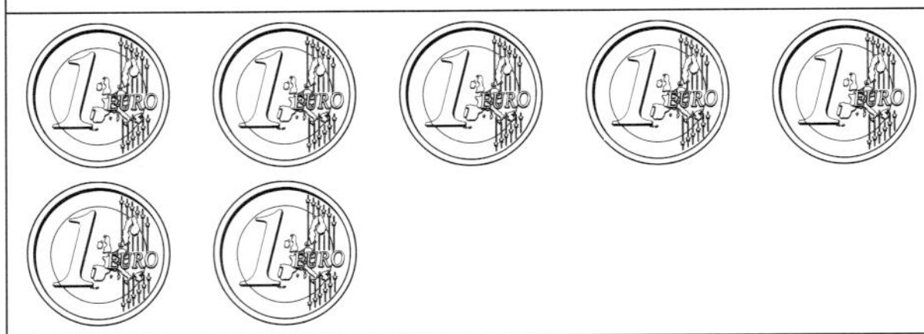

€ →

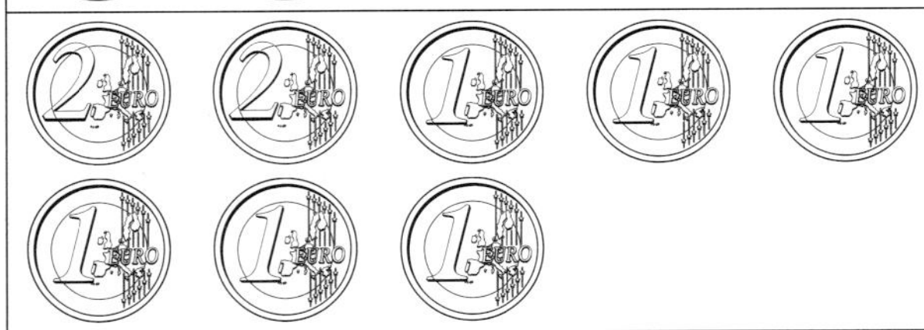

€ →

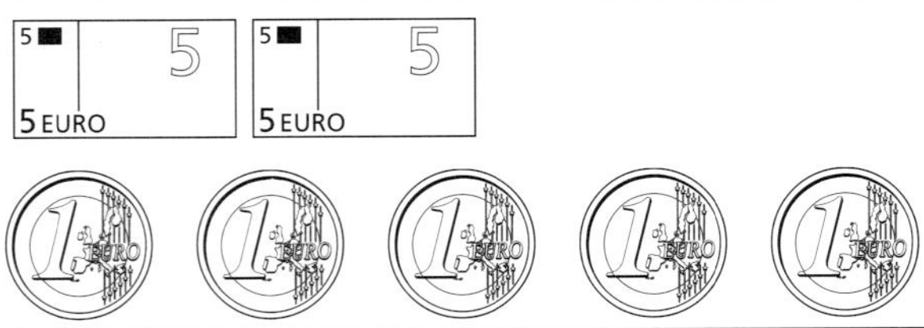

€ →

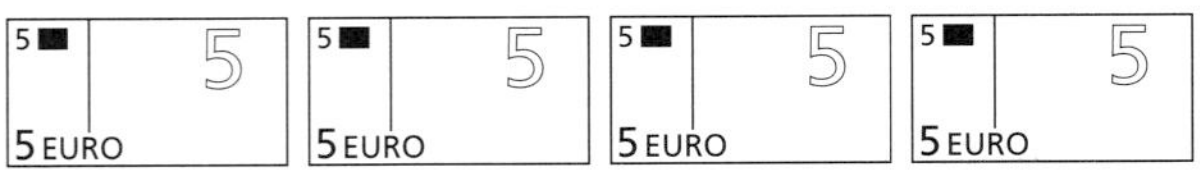

€ →

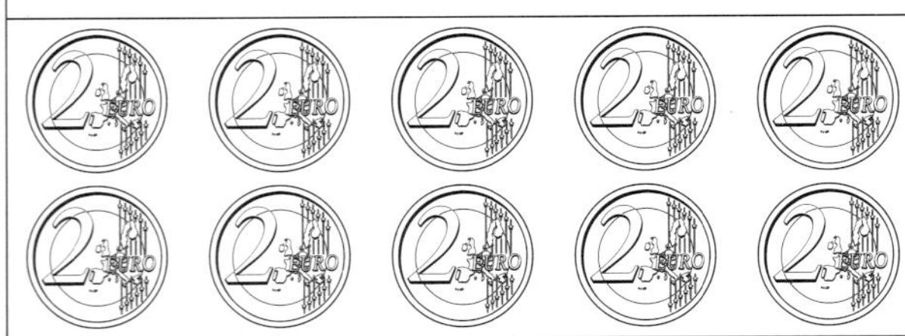

€ →

Name: Datum:

Wir bezahlen mit Geld

- Wie bezahlst du? Kreise das Geld ein, das du brauchst!

 6 €	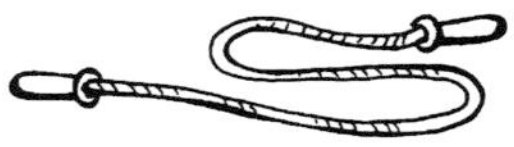 4 €	 10 €
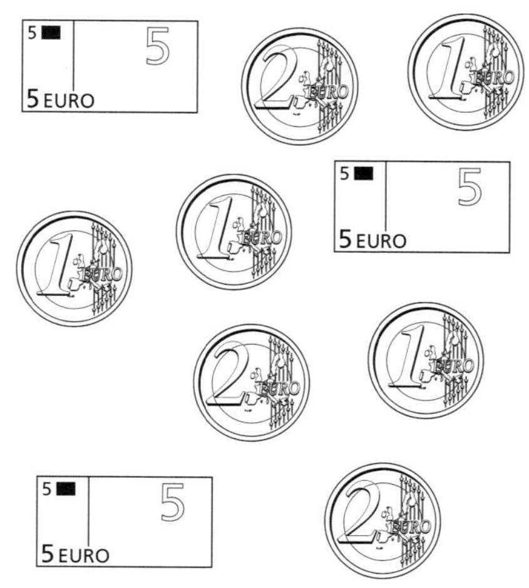	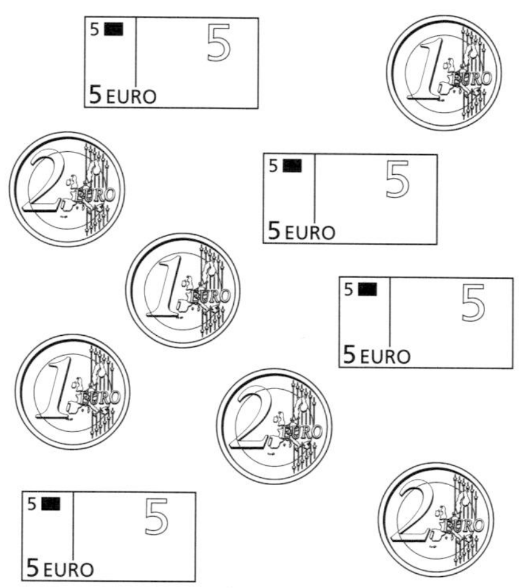	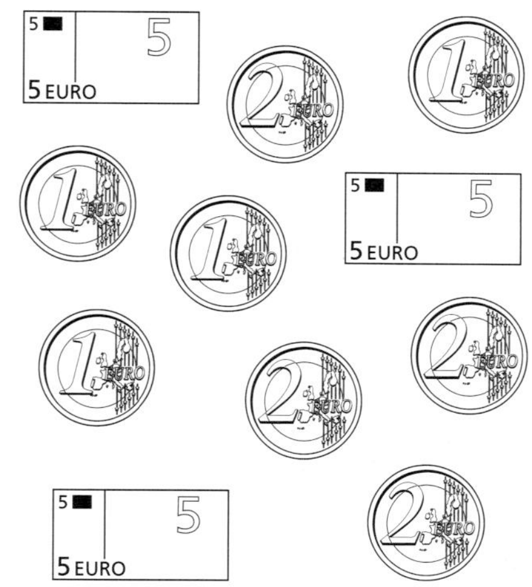
 7 €	 9 €	 5 €
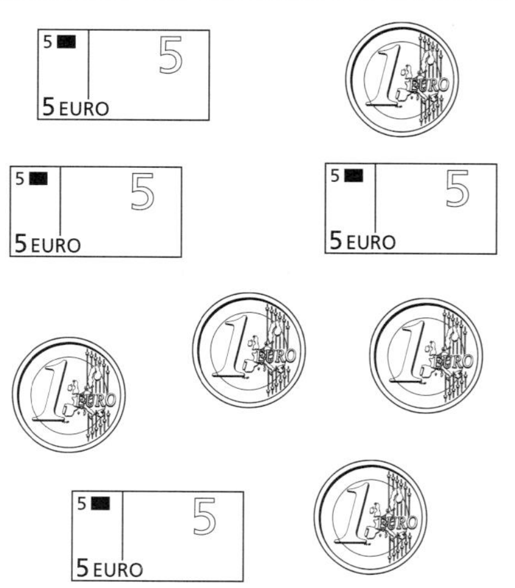	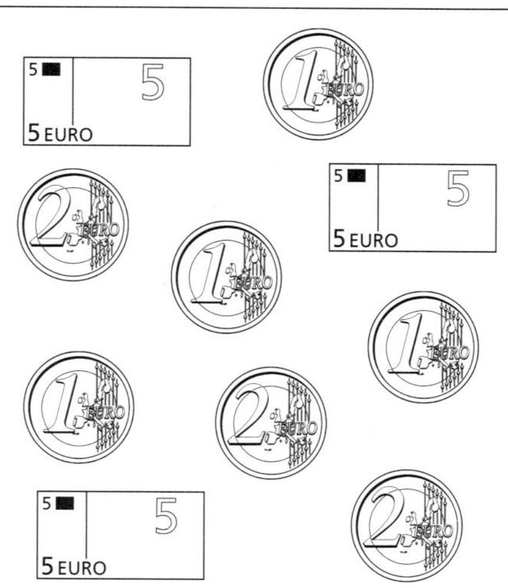	

Name: Datum:

Wir kaufen ein

① Was kosten die Dinge zusammen? Schreibe die Rechnung!

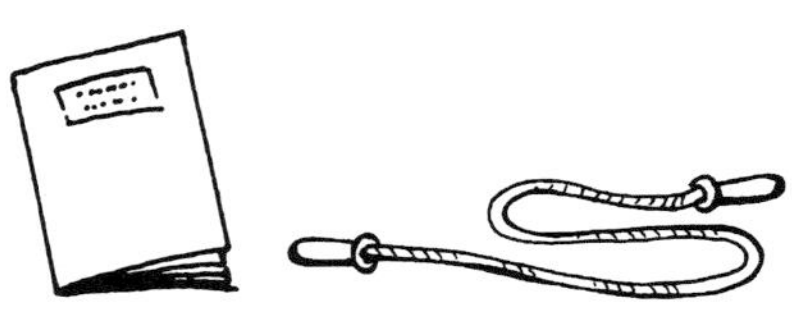

2 € | €

	+		=	

	+		=	

	+		=	

② Suche dir Dinge aus! Male und schreibe die Rechnung!

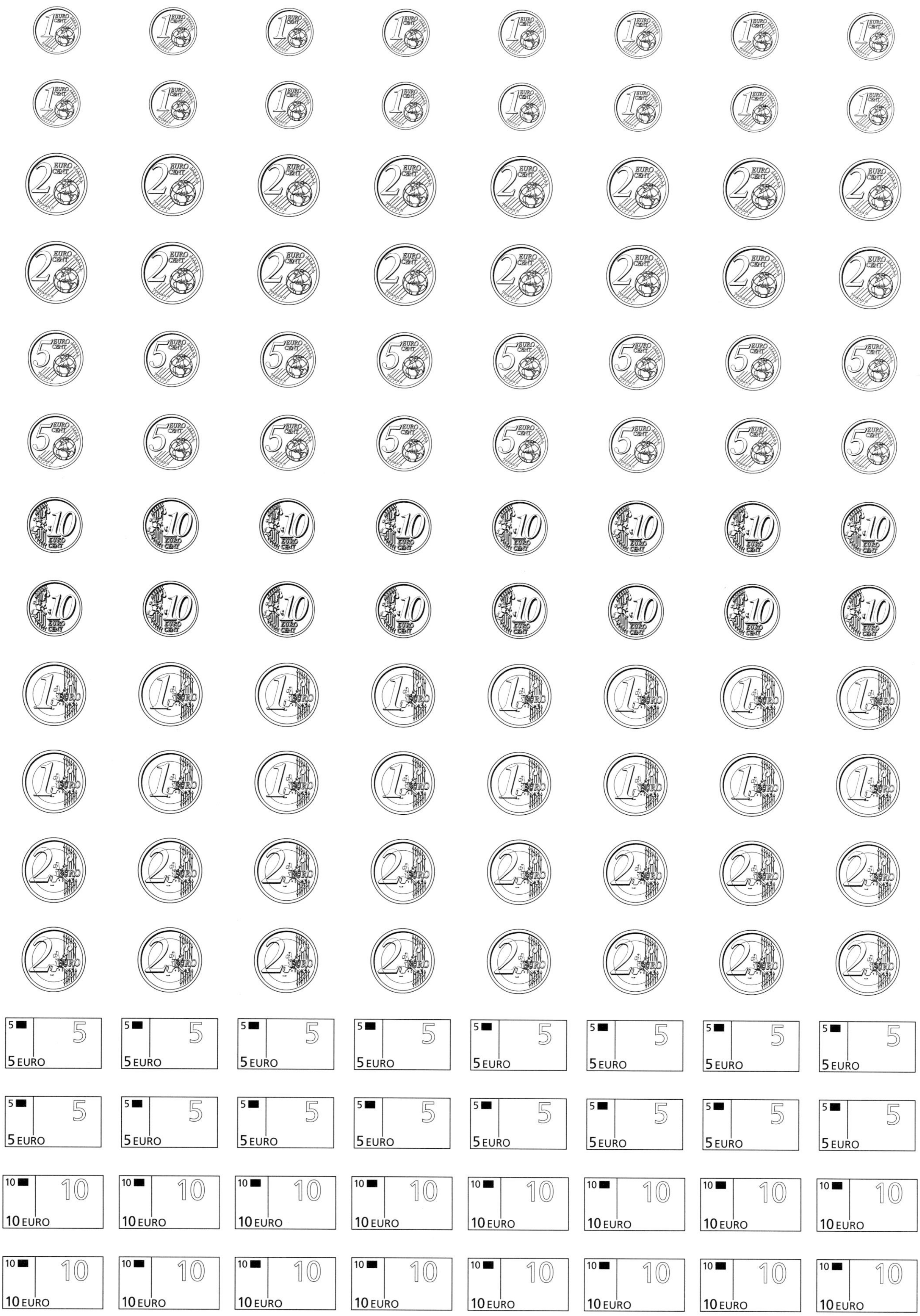
5 EURO
10 EURO

Name: Datum: **2**

Kopfrechen-Hausaufgabe: Zahlenreihen

Mache täglich 5 Minuten folgende Aufgaben:

Die Felder der 10er-Reihe sind mit Plättchen abgedeckt:

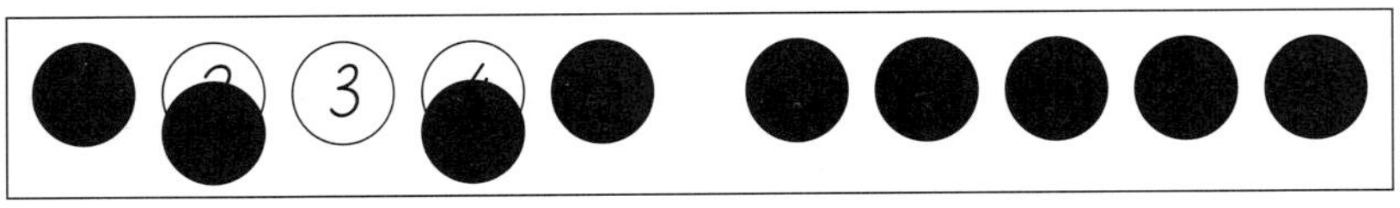

① Jemand zeigt auf ein Plättchen.
Nenne die dahinter versteckte Zahl!

② Jemand nennt eine Zahl.
Zeige das Plättchen zu der Zahl!

③ Nenne auch immer die Nachbarzahlen!
Sprich: *Das ist die 3 und die Zahl davor ist die 2. Nach der 3 kommt die 4.*

Name: Datum: **5**

Kopfrechen-Hausaufgabe: Zahlzerlegungen

Mache täglich 5 Minuten folgende Aufgaben:

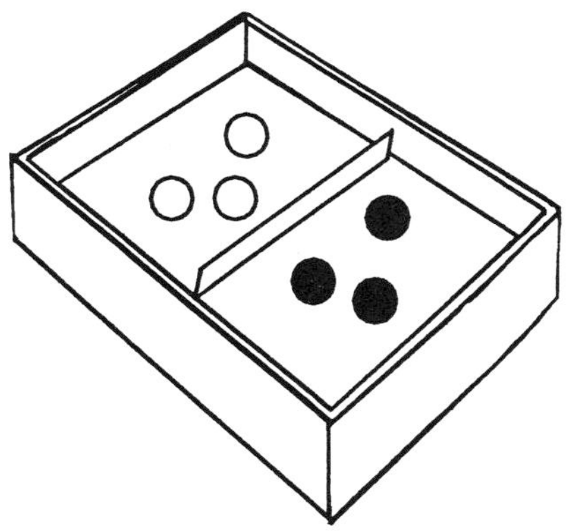

① Schüttele mit deinem Schüttelkasten Aufgaben!
Sprich: *6 Kugeln sind in 3 und 3 zerlegt.*

② Klebe einen Zahlenstreifen von 1–20 auf deinen Tisch!
Lege 5, 6 oder 7 Plättchen auf den Zahlenstreifen.

③ Nimm einen Stift und lege ihn zwischen die Plättchen.
Welche Zerlegungen gibt es?

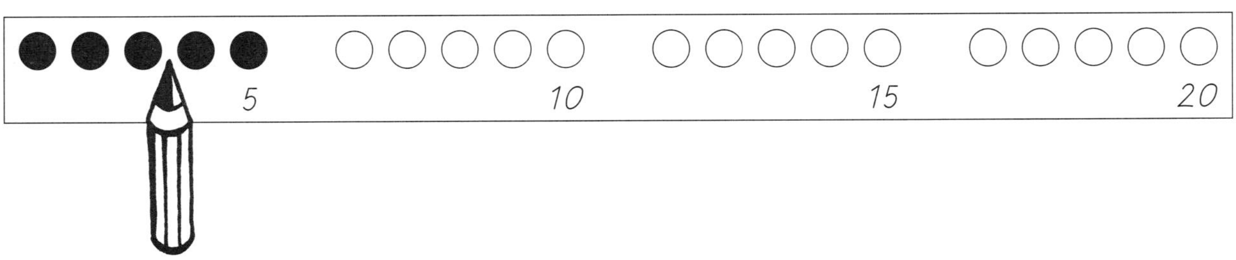

Sprich: *5 Plättchen sind in 3 und 2 zerlegt.*

Name: Datum: 7

Kopfrechen-Hausaufgabe: Minus-Aufgaben

Mache täglich 5 Minuten folgende Aufgaben:

① Jemand nennt dir eine Minus-Aufgabe (z. B. 8 – 2).
Lege die entsprechende Anzahl an Plättchen und erzähle:
Zuerst sind es … Dann nehme ich … weg. Zuletzt sind es …

② Jemand erzählt dir eine Rechengeschichte.
Lege die entsprechende Anzahl an Plättchen!
Nenne die Minus-Aufgabe (z. B. *8 minus 2 ist gleich 6*)!

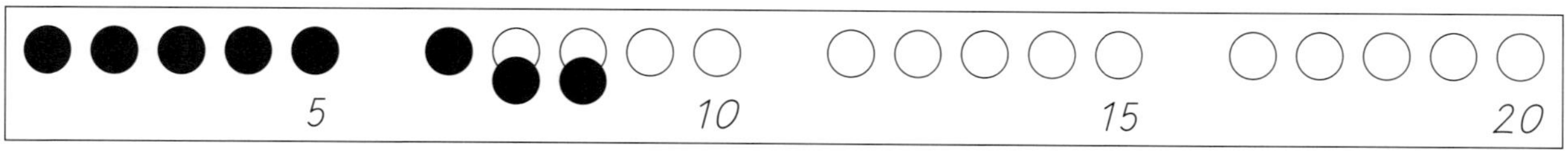

Denke an die Kraft der 5 und zähle nicht!

Name: Datum: 7

Kopfrechen-Hausaufgabe: Plus- und Minus-Aufgaben

Mache täglich 5 Minuten folgende Aufgaben:

Jemand nennt dir eine Plus- oder Minus-Aufgabe (z. B. 5 + 2).
Nimm deine Rechenkette und verschiebe die Perlen im Ganzen!
Löse damit die Aufgabe!

Denke an die Kraft der 5! Zähle nicht einzeln vorwärts!

Name: Datum:

① Welche Zahlen fehlen? Schreibe sie in die Zahlenreihe!

1			4			7		9	

1		3

	4	

	7	

4	5		

	2		

6			9

② Wie viele?

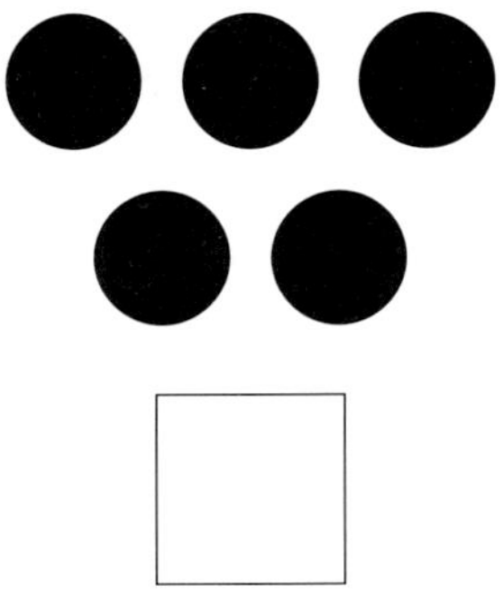

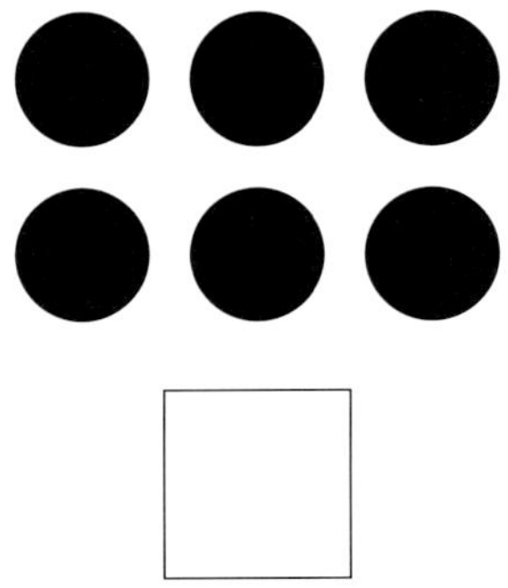

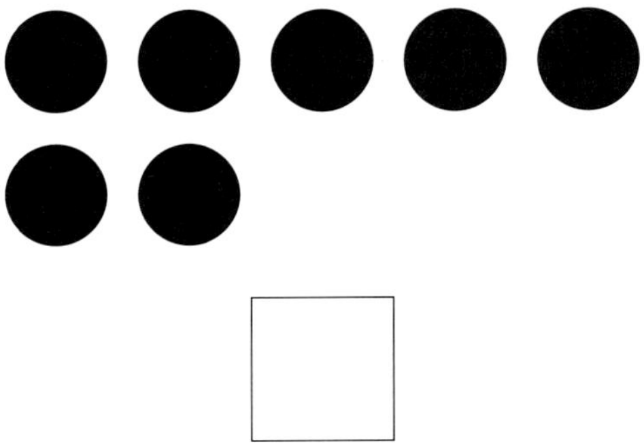

③ Male aus!

5	○	○	○	○	○	○	○	○	○	○
8	○	○	○	○	○	○	○	○	○	○

Zeit: Du hast ________ von ________ Minuten gearbeitet. Bewertung: Du hast ________ von ________ Punkten erreicht.	Unterschrift:

Name: Datum:

① Zahlen bis 10 werden geklopft und aufgeschrieben.

② Wie viele Finger siehst du? Kreuze die richtige Zahl an!

1 2 3 4 5 6 7 8 9 10	1 2 3 4 5 6 7 8 9 10	1 2 3 4 5 6 7 8 9 10

③ Male die entsprechenden Würfelbilder zu den Fingerzahlen!

④ Male die entsprechenden Würfelbilder zu den Zahlen!

3 5 6 1 4 2

⑤ Wie viele Dinge siehst du? Zähle mithilfe der Strichliste!

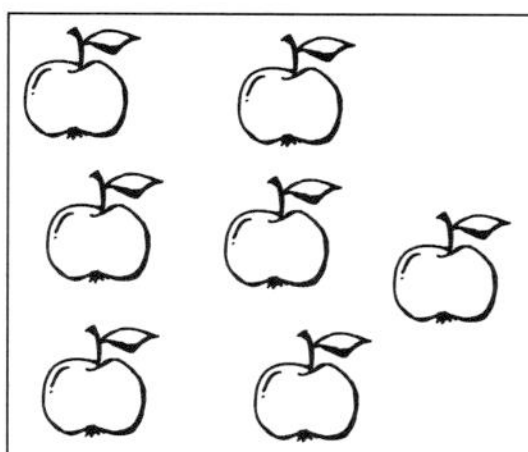	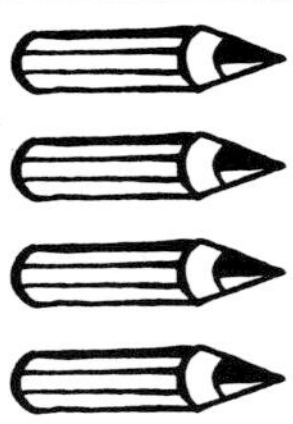	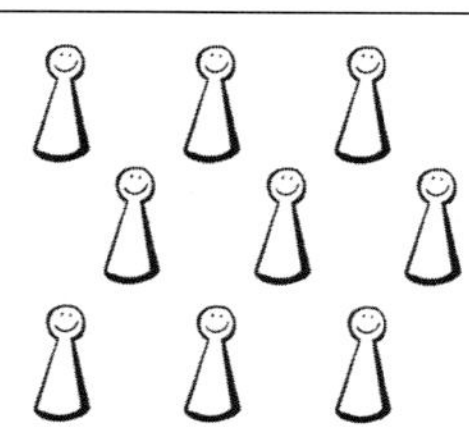		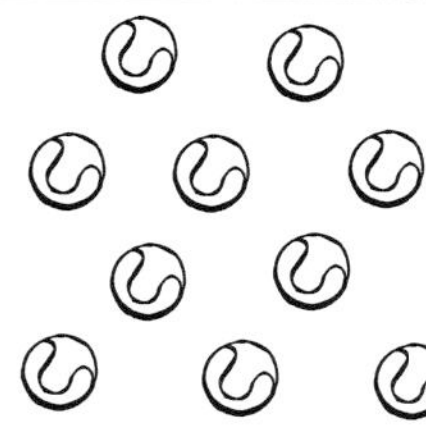

Name: Datum:

⑥ Welche Strichzahl siehst du? Male das entsprechende Würfelbild!

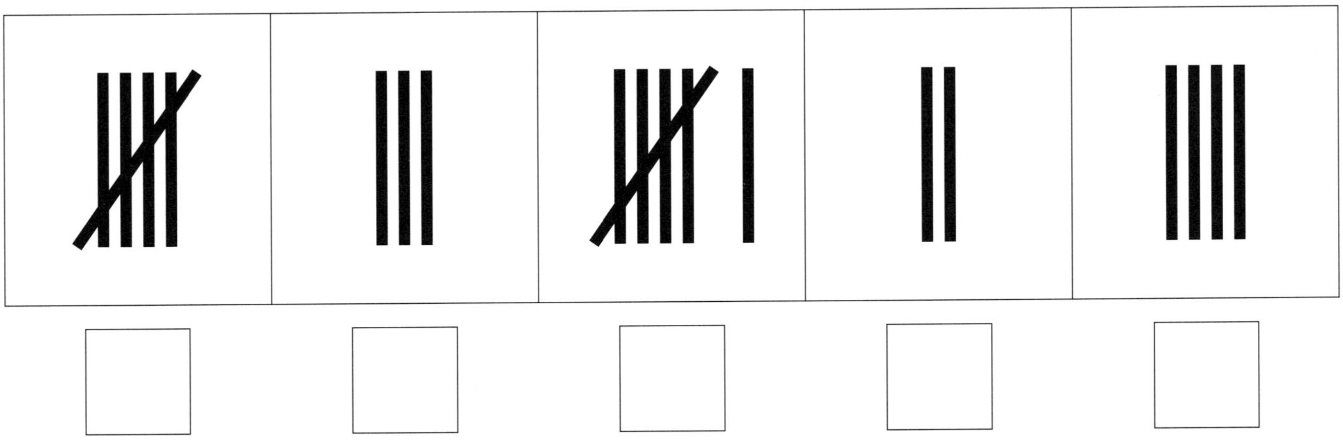

⑦ Welche Ziffern fehlen? Trage richtig ein!

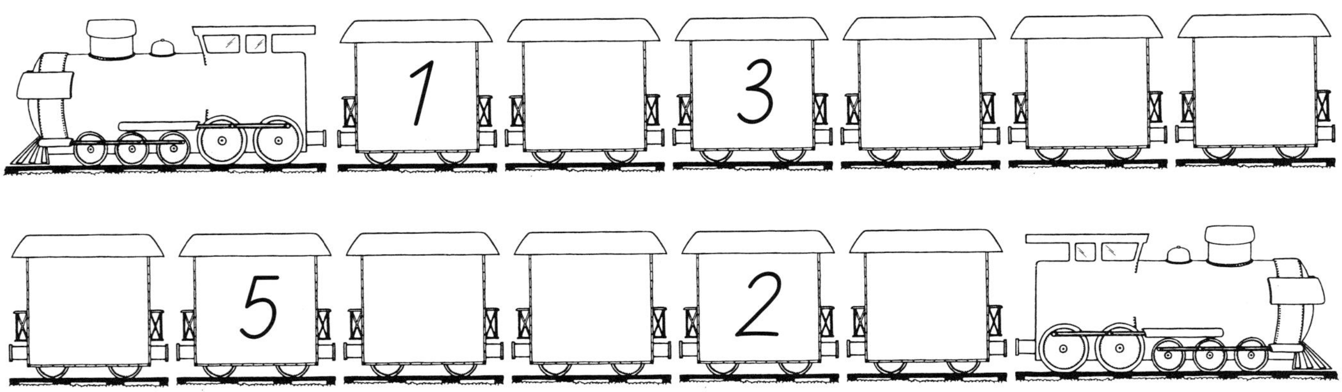

⑧ Wie heiβen die Nachbarzahlen? Trage richtig ein!

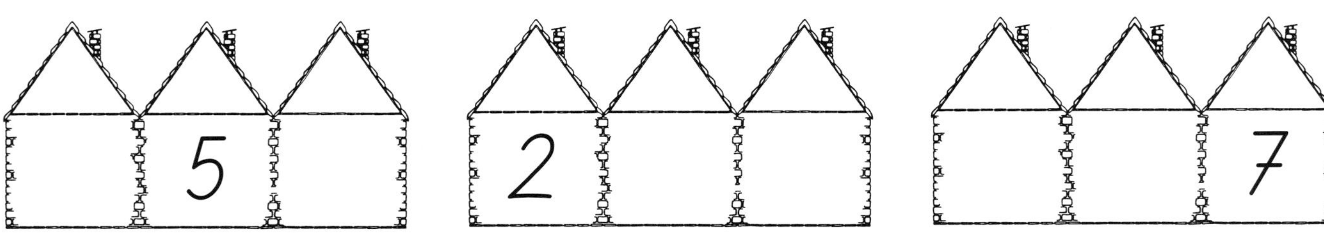

Zeit: Du hast ________ von ________ Minuten gearbeitet. Bewertung: Du hast ________ von ________ Punkten erreicht.	Unterschrift:

P. Schön/A. Pogoda Saam: Den Zahlenraum bis 10 aktiv entdecken

Name: Datum:

① Welche Ziffern fehlen? Trage richtig ein!

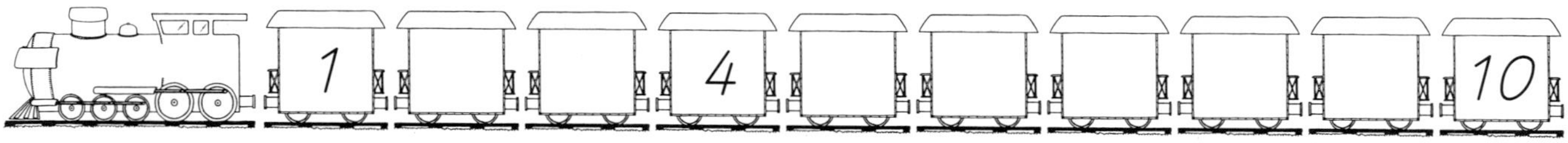

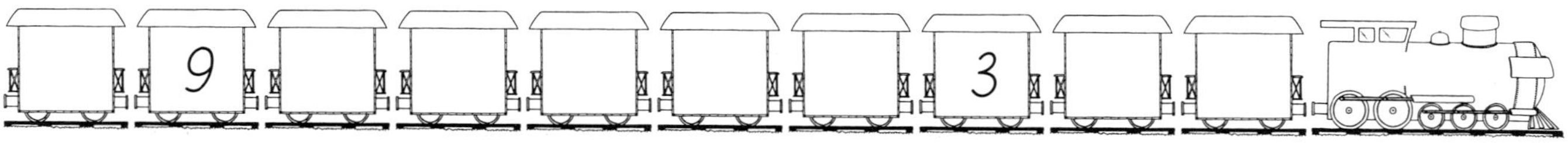

② Bestimme die Anzahl der Plättchen und finde Zerlegungsmöglichkeiten!
Schreibe die Aufgabe auf!

4	○ | ○ ○ ○	+
	○ ○ ○ ○ ○ ● ●	
	○ ○ ○ ○ ○ ● ● ● ●	
	○ ○ ○ ○ ○	
	○ ○ ○ ○ ○ ●	
	○ ○ ○ ○ ○ ● ● ● ● ●	

③ Male geordnete Reihen mit 6 Plättchen!

6
○○○○○○
○○○○○○
○○○○○○
○○○○○○
○○○○○○
○○○○○○
○○○○○○

6
6 + 0
+

Name: Datum:

④ Zerlege in zwei Teilmengen!

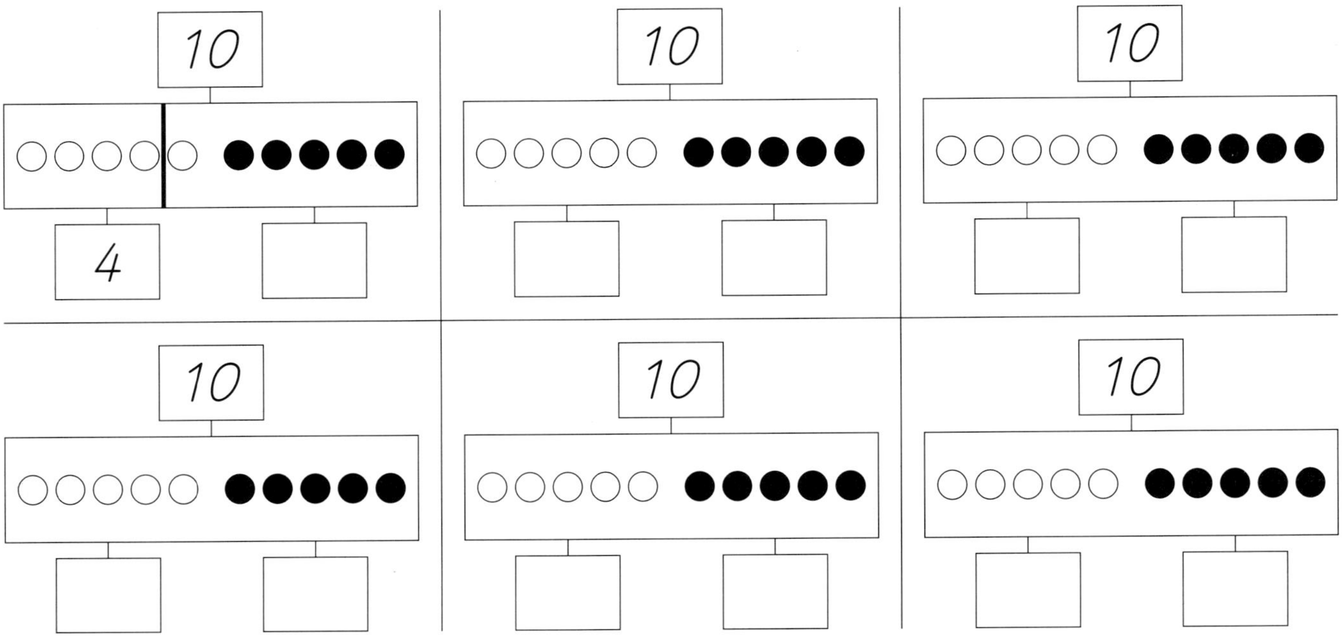

⑤ Wie heiβt die Rechenaufgabe? Schreibe die Aufgabe oder male die Würfelbilder auf!

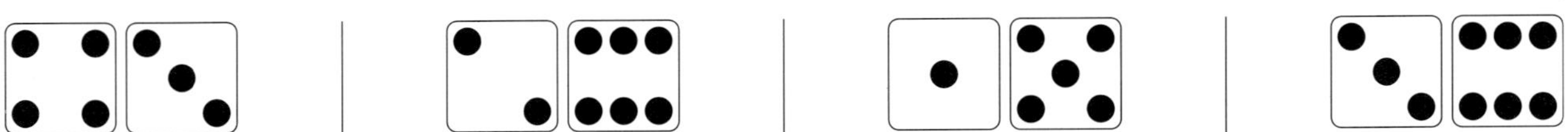

4 + 3 = ___ | ___ + ___ = ___ | ___ + ___ = ___ | ___ + ___ = ___

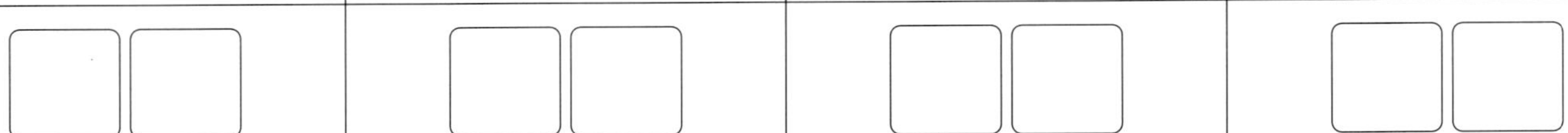

2 + 5 = ___ | 6 + 1 = ___ | 4 + 5 = ___ | 3 + 3 = ___

⑥ Rechne die Plus-Aufgaben aus!

2 + 5 =	0 + 6 =	2 + 5 =
4 + 4 =	3 + 4 =	5 + 4 =
1 + 8 =	1 + 7 =	1 + 8 =
3 + 6 =	4 + 2 =	3 + 5 =

Zeit: Du hast ________ von ________ Minuten gearbeitet. Bewertung: Du hast ________ von ________ Punkten erreicht.	Unterschrift:

P. Schön/A. Pogoda Saam: Den Zahlenraum bis 10 aktiv entdecken

Name: Datum:

④ Zerlege in zwei Teilmengen!

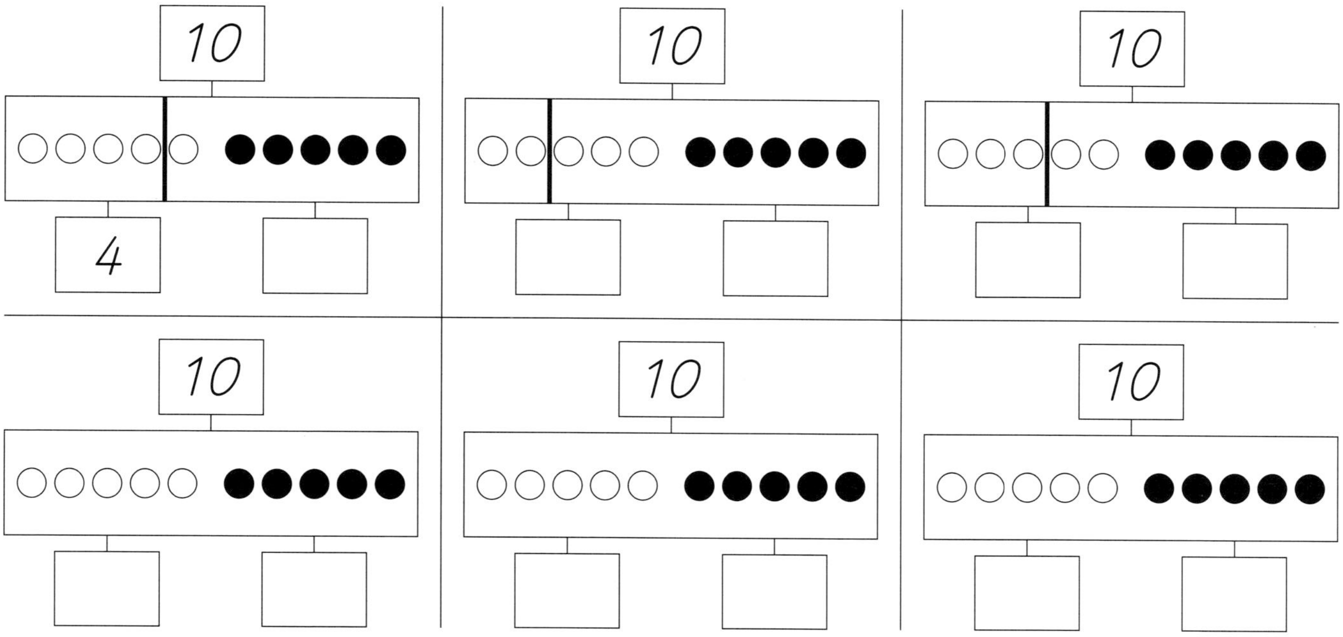

⑤ Wie heißt die Rechenaufgabe? Schreibe die Aufgabe oder male die Würfelbilder auf!

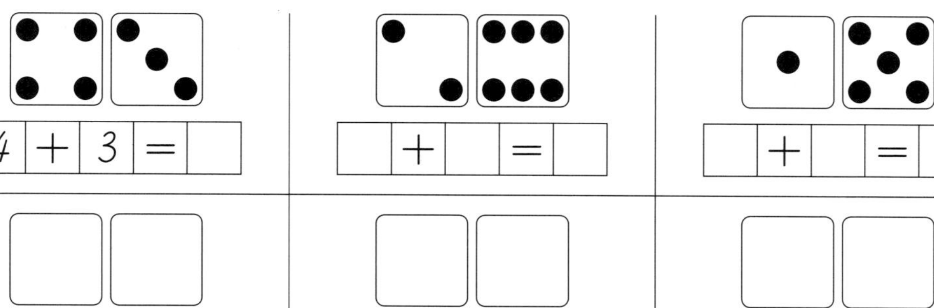

4 + 3 = ___

___ + ___ = ___

___ + ___ = ___

2 + 5 = ___

6 + 1 = ___

4 + 5 = ___

⑥ Rechne die Plus-Aufgaben aus!

2 + 5 = ___	0 + 6 = ___
4 + 4 = ___	3 + 4 = ___
1 + 8 = ___	1 + 7 = ___
3 + 6 = ___	4 + 2 = ___

Zeit: Du hast ________ von ________ Minuten gearbeitet.

Bewertung: Du hast ________ von ________ Punkten erreicht.

Unterschrift:

Name: Datum:

① Vergleiche: < = >

4	◯	6	5	◯	6	6	>	
5	◯	8	9	◯	6		<	1
7	◯	9	9	◯	8	9	<	
6	◯	6	4	◯	5	5	=	

② Rechne aus und vergleiche: < = >

1	+	8	=		◯		=	6	+	4
2	+	4	=		◯		=	3	+	4
1	+	6	=		◯		=	5	+	2
0	+	8	=		◯		=	6	+	3

③ Pass auf: ⊕ oder ⊖? Rechne aus!

3	+	6	=		8	−	6	=		1		7	=	8
5	+	5	=		9	−	5	=		8		5	=	3
7	+	2	=		6	−	3	=		0		2	=	2
6	+	0	=		7	−	3	=		9		6	=	3

④ Wie heißt die Tauschaufgabe? Rechne aus!

4	+	6	=			+		=	
1	+	5	=						
7	+	3	=						

Name: Datum:

① Vergleiche: < = >

4	○	6	5	○	6
5	○	8	9	○	6
7	○	9	9	○	8
6	○	6	4	○	5

② Rechne aus und vergleiche: < = >

1	+	8	=		○		=	6	+	4
7	+	3	=		○		=	4	+	5
2	+	4	=		○		=	3	+	4
1	+	6	=		○		=	5	+	2

③ Pass auf: ⊕ oder ⊖? Rechne aus!

3	+	6	=		8	−	6	=	
5	+	5	=		9	−	5	=	
7	+	2	=		6	−	3	=	
6	+	0	=		7	−	3	=	

④ Wie heißt die Tauschaufgabe? Rechne aus!

4	+	6	=			+		=	
1	+	5	=						
7	+	3	=						

Zeit: Du hast ________ von ________ Minuten gearbeitet.

Bewertung: Du hast ________ von ________ Punkten erreicht.

Unterschrift:

Name: Datum:

⑤ Wie gehen die Rechentürme weiter? Rechne aus!

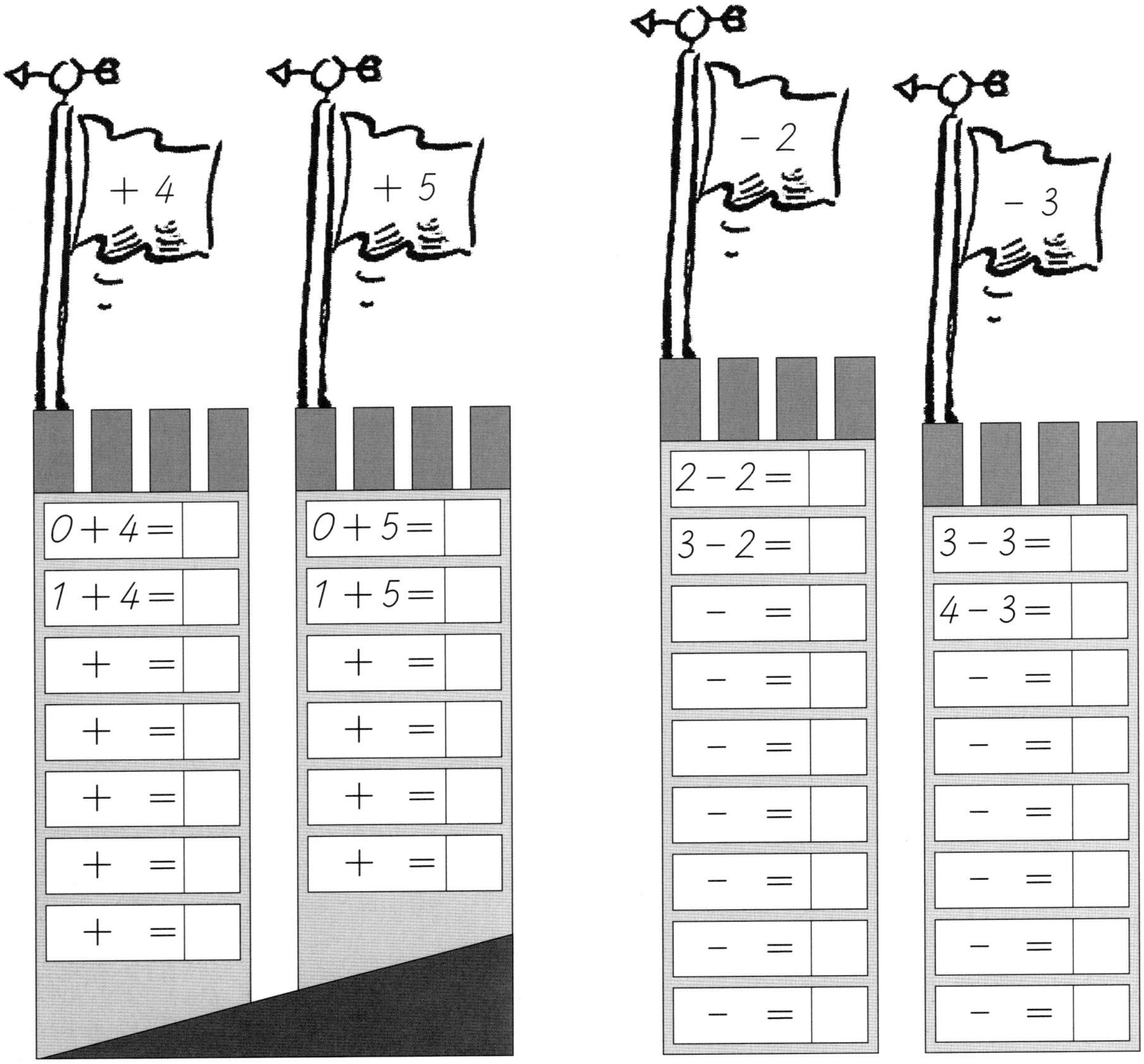

⑥ Schaffst du das auch noch? Wie heißen die Nachbaraufgaben?

	+ =	
+ =	5 + 2 =	+ =
	+ =	

Zeit: Du hast ________ von ________ Minuten gearbeitet. Bewertung: Du hast ________ von ________ Punkten erreicht.	Unterschrift:

P. Schön/A. Pogoda Saam: Den Zahlenraum bis 10 aktiv entdecken

Name: Datum:

① Finde die Steine der Zahlenmauer und schreibe sie auf!

5	2	1

3	1	4

② Schreibe die Tauschaufgabe auf! Rechne aus!

3	+	6	=			+		=	
2	+	5	=						
4	+	1	=						

③ Schreibe die Plus- und Umkehraufgabe auf und rechne aus!

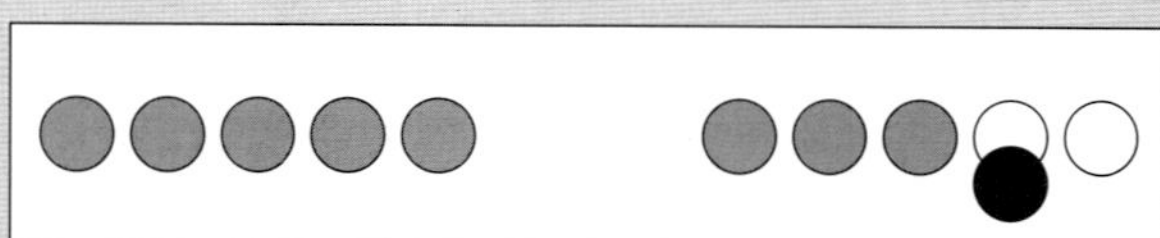

	+		=	
	−		=	

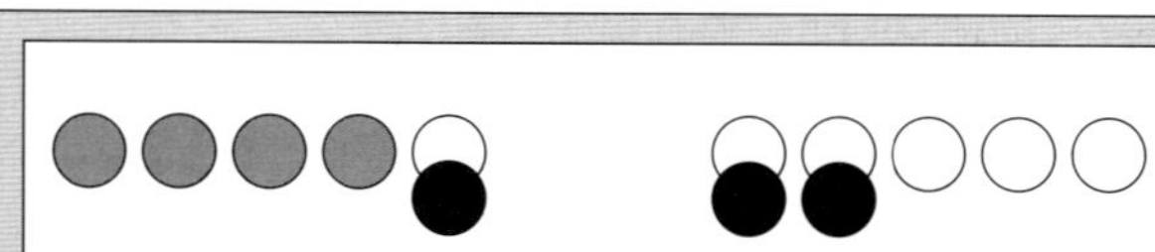

			=	
			=	

④ Rechne mithilfe des Zahlenstrahls!

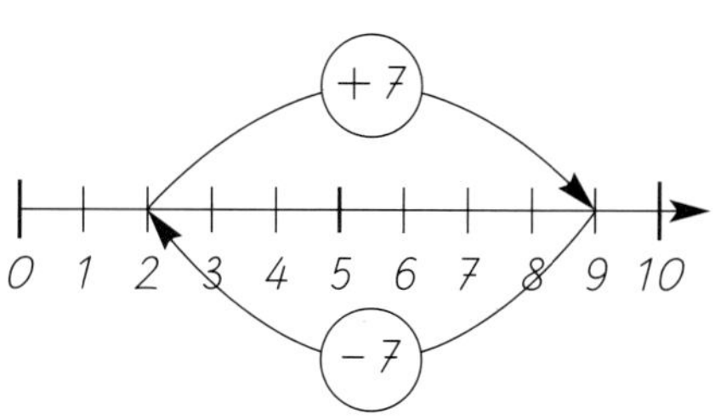

			=	
			=	

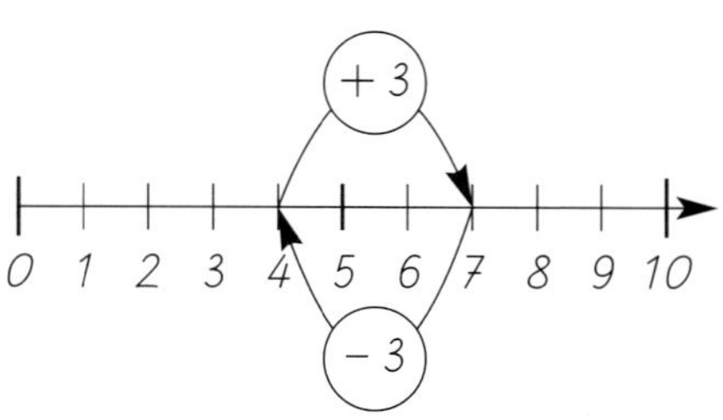

			=	
			=	

Name: Datum:

⑤ Rechne die Ergänzungsaufgaben aus!

$6 + \square = 10$	$5 + \square = 10$	$7 + \square = 10$
$2 + \square = 10$	$3 + \square = 10$	$8 + \square = 10$

⑥ Wie viel Geld ist im Sparschwein? Schreibe auf und rechne aus!

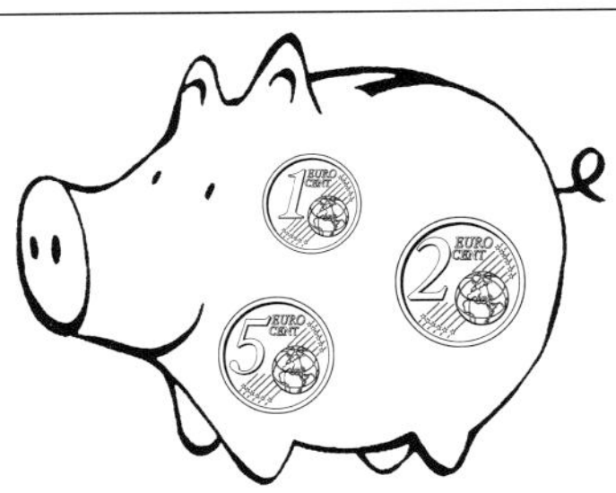

☐ ct + ☐ ct + ☐ ct = ☐ ct

☐ ct + ☐ ct + ☐ ct = ☐ ct

⑦ Wie viel Geld ist in der Geldbörse? Schreibe auf!

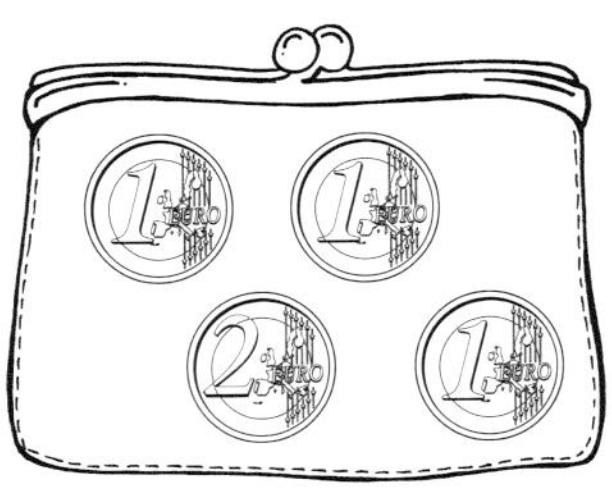

☐ €

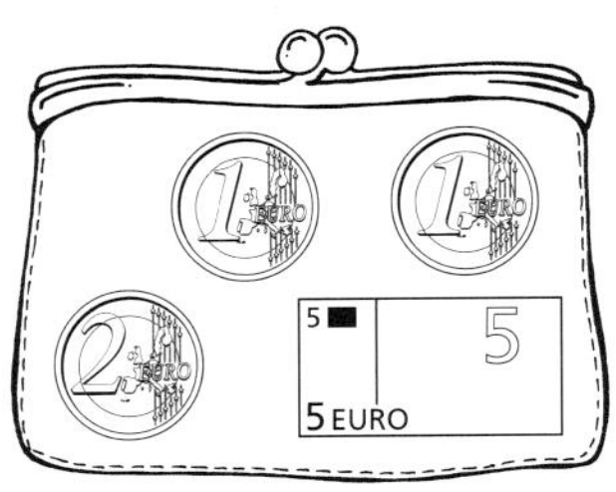

☐ €

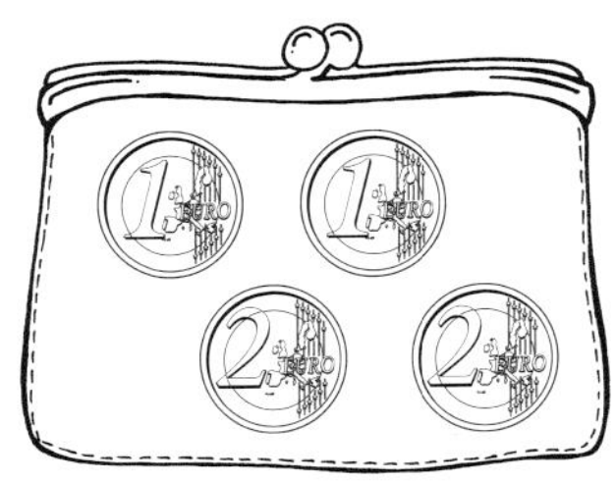

☐ €

⑧ Wie viel Geld ist das? Tausche das Geld in größere Münzen und Scheine ein!

☐ ct →

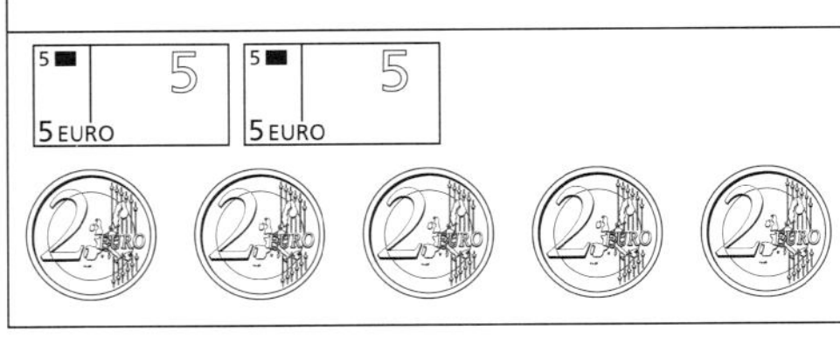

☐ € →

⑨ Schaffst du das auch noch?

	☐	
☐	4	
3	☐	1

$\square + 4 = 10$

$\square + 1 = 10$

Zeit: Du hast _________ von _________ Minuten gearbeitet. Bewertung: Du hast _________ von _________ Punkten erreicht.	Unterschrift:

Name: Datum:

⑤ Rechne die Ergänzungsaufgaben aus!

6 + ☐ = 10
2 + ☐ = 10
7 + ☐ = 10

5 + ☐ = 10
3 + ☐ = 10
8 + ☐ = 10

⑥ Wie viel Geld ist im Sparschwein? Schreibe auf und rechne aus!

☐ ct + ☐ ct + ☐ ct = ☐ ct

☐ ct + ☐ ct + ☐ ct = ☐ ct

⑦ Wie viel Geld ist in der Geldbörse? Schreibe auf!

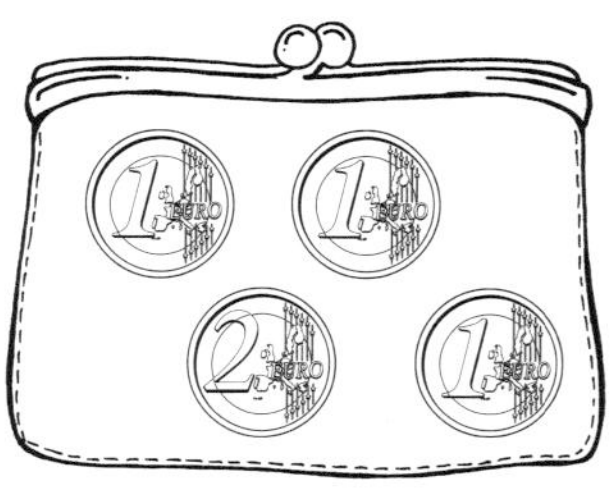

☐ €

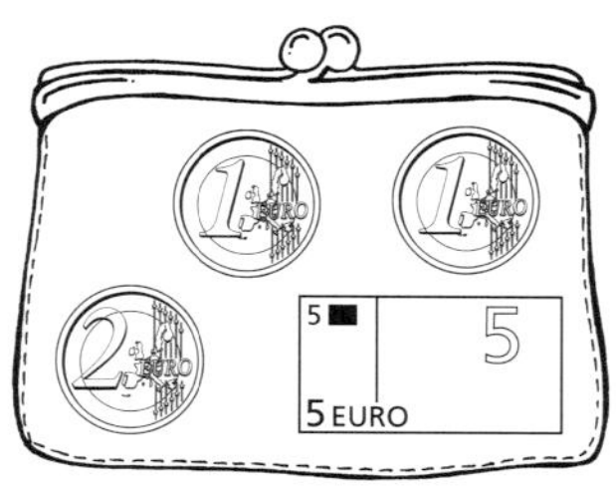

☐ €

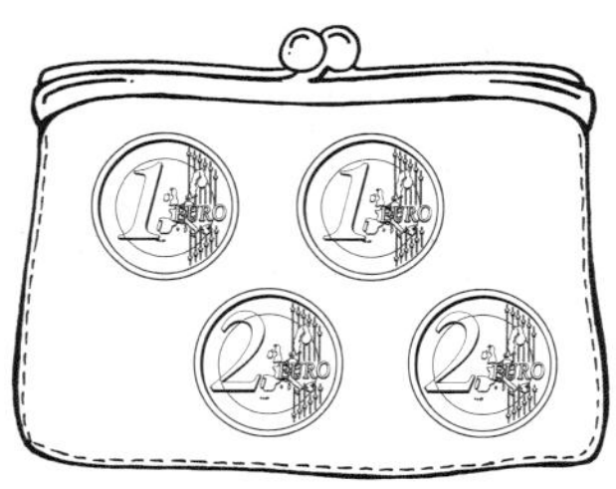

☐ €

⑧ Wie viel Geld ist das? Tausche das Geld in größere Münzen und Scheine ein!

☐ ct →

☐ € →

Zeit: Du hast ________ von ________ Minuten gearbeitet. Bewertung: Du hast ________ von ________ Punkten erreicht.	Unterschrift: